全国高职高专机械类"工学结合-双证制"人才培养"十二五"规划教材

现代测量技术实训

主　编　许耀东　郑　卫

副主编　包幸生　姚东胜　曹志鸿

主　审　刘素华

华中科技大学出版社

中国·武汉

内 容 简 介

本书是在介绍传统测量方法(如依靠测量平台、游标类测量器具、指示表等的测量)的基础上,对现代测量方法进行了系统的介绍。书中内容包括典型辅助测量、专用仪器测量、光学测量、激光测量、触针测量、三维扫描测量(逆向工程软件使用)和三坐标测量等。

本书内容共分为 8 个项目,每个项目都包含了基本原理的介绍和测量实例的说明,书中既有传统经典测量方法的介绍,又有现代前沿测量技术(如三维扫描测量和三坐标测量)的介绍,还包括逆向工程软件的使用方法的介绍。全书内容结构紧凑,层次分明,由浅入深。本书可作为职业院校测量类课程的教材,也可供从事测量测绘的工程技术人员参考。

图书在版编目(CIP)数据

现代测量技术实训/许耀东,郑卫主编. —武汉:华中科技大学出版社,2014.9
ISBN 978-7-5680-0371-1

Ⅰ.①现… Ⅱ.①许… ②郑… Ⅲ.①测量学-高等职业教育-教材 Ⅳ.①P2

中国版本图书馆 CIP 数据核字(2014)第 200740 号

现代测量技术实训   许耀东 郑 卫 主编

策划编辑:万亚军
责任编辑:万亚军
封面设计:范翠璇
责任校对:李 琴
责任监印:张正林
出版发行:华中科技大学出版社(中国·武汉)
　　　　　武昌喻家山　　邮编:430074　　电话:(027)81321915
录　　排:武汉市洪山区佳年华文印部
印　　刷:武汉市籍缘印刷厂
开　　本:787mm×1092mm　1/16
印　　张:10
字　　数:259千字
版　　次:2014 年 9 月第 1 版第 1 次印刷
定　　价:25.00 元

本书若有印装质量问题,请向出版社营销中心调换
全国免费服务热线:400-6679-118　竭诚为您服务

全国高职高专机械类"工学结合-双证制"人才培养"十二五"规划教材

编委会

全国高职高专机械类"工学结合-双证制"人才培养"十二五"规划教材

序

目前我国正处在改革发展的关键阶段,深入贯彻落实科学发展观,全面建设小康社会,实现中华民族伟大复兴,必须大力提高国民素质,在继续发挥我国人力资源优势的同时,加快形成我国人才竞争比较优势,逐步实现由人力资源大国向人才强国的转变。

《国家中长期教育改革和发展规划纲要(2010—2020年)》提出:发展职业教育是推动经济发展、促进就业、改善民生、解决"三农"问题的重要途径,是缓解劳动力供求结构矛盾的关键环节,必须摆在更加突出的位置。职业教育要面向人人、面向社会,着力培养学生的职业道德、职业技能和就业创业能力。

高等职业教育是我国高等教育和职业教育的重要组成部分,在建设人力资源强国和高等教育强国的伟大进程中肩负着重要使命并具有不可替代的作用。自从1999年党中央、国务院提出大力发展高等职业教育以来,高等职业教育培养了大量高素质技能型专门人才,为加快我国工业化进程提供了重要的人力资源保障,为加快发展先进制造业、现代服务业和现代农业做出了积极贡献;高等职业教育紧密联系经济社会,积极推进校企合作、工学结合人才培养模式改革,办学水平不断提高。

"十一五"期间,在教育部的指导下,教育部高职高专机械设计制造类专业教学指导委员会根据《高职高专机械设计制造类专业教学指导委员会章程》,积极开展国家级精品课程评审推荐、机械设计与制造类专业规范(草案)和专业教学基本要求的制定等工作,积极参与了教育部全国职业技能大赛工作,先后承担了"产品部件的数控编程、加工与装配""数控机床装配、调试与维修""复杂部件造型、多轴联动编程与加工""机械部件创新设计与制造"等赛项的策划和组织工作,推进了双师队伍建设和课程改革,同时为工学结合的人才培养模式的探索和教学改革积累了经验。2010年,教育部高职高专机械设计制造类专业教学指导委员会数控分委会起草了《高等职业教育数控专业核心课程设置及教学计划指导书(草案)》,并面向部分高职高专院校进行了调研。2011年,根据各院校反馈的意见,教育部高职高专机械设计制造类专业教学指导委员会委托华中科技大学出版社联合国家示范(骨干)高职院校、部分重点高职院校、武汉华中数控股份有限公司和部分国家精品课程负责人、一批层次较高的高职院校教师组成编委会,组织编写全国高职高专机械设计制造类工学结合"十二五"规划系列教材,选用此系列教材的学校师生反映教材效果好。在此基础上,响应一些友好院校、老师的要求,以及教育部《关于全面提高高等职业教育教学质量的若干意见》(教高〔2006〕16号)中提出的要推行"双证书"制度,强化学生职业能力的培养,使有职业资格证书专业的毕业生取得"双证书"的理念。2012年,我们组织全国职教领域精英编写全国高职高专机械类"工学结合-双证制"人才培养"十二五"规划教材。

本套全国高职高专机械类"工学结合-双证制"人才培养"十二五"规划教材是各参与院校"十一五"期间国家级示范院校的建设经验以及校企结合的办学模式、工学结合及工学结合-双证制的人才培养模式改革成果的总结,也是各院校任务驱动、项目导向等教学做一体的教学模式改革的探索成果。

具体来说,本套规划教材力图达到以下特点。

(1)反映教改成果,接轨职业岗位要求　紧跟任务驱动、项目导向等教学做一体的教学改革步伐,反映高职机械设计制造类专业教改成果,注意满足企业岗位任职知识要求。

(2)紧跟教改,接轨"双证书"制度　紧跟教育部教学改革步伐,引领职业教育教材发展趋势,注重学业证书和职业资格证书相结合,提升学生的就业竞争力。

(3)紧扣技能考试大纲、直通认证考试　紧扣高等职业教育教学大纲和执业资格考试大纲和标准,随章节配套习题,全面覆盖知识点与考点,有效提高认证考试通过率。

(4)创新模式,理念先进　创新教材编写体例和内容编写模式,针对高职学生思维活跃的特点,体现"双证书"特色。

(5)突出技能,引导就业　注重实用性,以就业为导向,专业课围绕技术应用型人才的培养目标,强调突出技能、注重整体的原则,构建以技能培养为主线、相对独立的实践教学体系。充分体现理论与实践的结合,知识传授与能力、素质培养的结合。

当前,工学结合的人才培养模式和项目导向的教学模式改革还需要继续深化,体现工学结合特色的项目化教材的建设还是一个新生事物,处于探索之中。"工学结合-双证制"人才培养模式更处于探索阶段。随着本套教材投入教学使用和经过教学实践的检验,它将不断得到改进、完善和提高,为我国现代职业教育体系的建设和高素质技能型人才的培养作出积极贡献。

谨为之序。

全国机械职业教育教学指导委员会副主任委员
国家数控系统技术工程研究中心主任
华中科技大学教授、博士生导师

陈吉红

2013 年 2 月

前　言

随着测量技术的发展,现代测量技术已经突破了传统测量技术依赖测量平台的限制,开始向专用化、多样化、复合化、精密化和智能化的方向发展。现代测量技术多综合采用光机电技术,随着计算机技术的发展,软件控制和测量以及自动分析报告功能出现,简化了测量过程,降低了对操作的要求,但对操作者自身知识的积累和对操作的理解提出了更高的要求。特别是高端的三坐标测量仪器或三维扫描设备,需要经过专业的培训和多年的实践才能熟练掌握其精髓。而这方面的资料往往是企业内部培训教材,市场上很少有对这方面进行系统介绍的教材。为了使读者能够快速地了解现代测量技术特点,熟悉其应用,而不再将现代测量技术视为高深的领域而望而生畏,本书从最基本的知识入手,由浅入深,循序渐进地对现代测量知识进行了分门别类的介绍,使读者能够对现代测量有个系统的了解,并在实践中获得提高。

本书是在介绍传统测量技术(主要依靠测量平台、游标类测量器具、指示表等的测量)的基础上,对现代测量方法进行了系统的介绍。书中内容包括典型辅助测量、专用仪器测量、光学测量、激光测量、触针测量、三维扫描测量和三坐标测量等,体现测量手段从低级到高级的演变过程,适合掌握初级测量测绘知识的学生和企业技术人员使用,可以帮助其获得知识和技能上的提升。

全书内容分为8个项目,每个项目根据项目导向、任务驱动的教学要求编写,以项目案例作为导入,对测量知识点按照测量对象、测量原理、测量方法和测量结果分析四个方面进行详细的介绍。在理论知识介绍上,突出基本原理的介绍及其在实践的应用,避免烦琐、深奥的理论推导,与实践紧密结合,具有针对性而不空洞,同时在操作技能介绍上,注重理论的支撑和铺垫,使学生在实践中知其然并知其所以然。

本书由上海工程技术大学高职学院许耀东、郑卫任主编,由包幸生、姚东胜、曹志鸿任副主编。具体编写分工如下:第1章、第4章、第7章由许耀东编写,第2章、第3章由郑卫编写,第5章由姚东胜编写,第6章由曹志鸿编写,第8章由包幸生编写。本书由上海工程技术大学高职学院刘素华副教授主审。另外在编写过程中,得到许多同行、专家的支持与协助,在此表示衷心的感谢。

书中许多内容是编者在实践教学研究中的经验总结,由于现代测量技术发展迅速、内容丰富,书中描述难免存在偏颇、疏漏和不当之处,恳请广大读者批评、指正!

编　者
2014 年 5 月

目　录

项目 1　测量技术认知

　　自古以来,人们就用到了几何量测量的标准量值及器具。古人在建造长城、金字塔时所用的工具及测量方法都已经达到了很高的水平;古埃及的建筑工人凭借简单的铅垂线、木制方尺和直尺测量,但他们的测量可精确到毫米。例如胡夫金字塔的底边长约 230 m,而它的尺寸、边线差异不超过平均长度的 0.05%——这意味着在横跨 230 m 的区间内,只有 0.11 m 的偏差。

　　在古代,手指的宽度、脚的长度、步幅的距离、犁沟的长度,都被创造性地用于几何量测量。例如:古埃及人定义手指、手掌、手、肘作为长度单位;古代英国人将人脚长度定义为长度单位,这就是现在所说的"英尺"。随后,人们又定义了质量单位,发明了测量温度和压力的方法,公布了度量衡的法定标准,推出了各种长度和内径、外径测量仪器。这些测量技术构成了现代测量技术的基础。

　　传统的测量技术往往采用平板加高度尺加卡尺的检验模式,采用固定的、专用的或手动的工量具进行检验。在测量技术上,光栅尺及以后的容栅、磁栅、激光干涉仪的出现,革命性地把尺寸信息数字化,不但可以进行数字显示,而且为几何量测量的计算机处理、控制打下了基础。随着工业化进程的发展,为了适应高速化、柔性化、通用化、自动化及精密化检验的需要,坐标测量技术出现了,伴随着控制技术和计算机软件技术的迅猛发展,测量机已从早期的手动型、机动型迅速转化为数控型,测量速度更快,测量精度更高,大大降低了测量操作人员的工作强度。

　　现代化的测量机多用于产品测绘、复杂型面检测、工夹具测量、研制过程中间测量、CNC机床或柔性生产线在线测量等方面。它不仅在精密检测和产品质量控制上扮演着重要角色,同时在产品设计、生产过程控制和模具制造方面发挥着越来越重要的作用,并在汽车工业、航空航天、机床工具、国防军工、电子和模具等领域得到了广泛的应用。表 1.1 所示为坐标测量技术与传统测量技术在测量方式和便利性上的比较。

表 1.1　坐标测量技术与传统测量技术的比较

传统测量技术	坐标测量技术
对工件要进行人工的、精确及时的调整	不需对工件要进行特殊的调整
专用测量仪和多工位测量仪很难适应测量任务的改变	简单调用所对应的软件模块完成测量任务
与实体标准或运动标准进行测量比较	与数学(或数字)模型进行测量比较
尺寸、形状和位置测量在不同的仪器上进行不相干的测量数据	尺寸、形状和位置的评定在一次安装中即可完成
手工记录测量数据	产生完整的数字信息,完成报名输出、统计和分析 CAD 设计

　　同时,随着数控坐标测量系统的推动,各种测头探针自动更换装置、自动上下料机构相继出现,使得测量系统能够很好地被整合在现代化工业生产中,发挥重要作用。尤其是伴随着数字技术和 CAD 技术的广泛应用,测量软件成为测量机与其他外部设备、加工设备和 CAD 系统沟通的桥梁。测量机不再是消极的判定角色,可被广泛用于逆向设计、生产监测、信息统计、反馈信息等多种领域。

　　便携式测量系统的应用解决了一些大尺寸零部件的测量问题,同时更加适合在现场的工作测量。这类产品主要包括以激光跟踪仪和关节臂式测量机为核心而延展出的多种产品,有效地解决了汽车以及航空航天领域各种部件装配、生产工具校验和各种尺寸工件的测量与测绘问题。

　　而专业的测量机厂商已经突破了一般意义上的技术服务,正在试图采用更新、更专业的手法使得客户服务的效率更高、更全面、更及时。售后增值服务项目在测量机制造商提供的产品服务方面所占的比重越来越大。所谓售后增值服务,指的是面向超过产品保修期的所有产品和服务项目以及为满足客户需要而提供相应的产品与服务。专业的测量机制造商提供了伴随整个测量机生命周期的产品技术服务。除了保修期内的机器安装、培训、技术支持和产品保修项目外,售后增值服务涉及了产品保修期后的所有服务项目,包括测量软件升级、测量机改造、维修校准、合同服务、合约检测以及各种零部件供应等。

　　例如全球知名的测量机生产跨国企业——海克斯康(Hexagon)测量技术集团,其销售及服务网络遍及巴西、中国、法国、德国、意大利、美国、瑞士和瑞典。凭借在全球安装超过55 000 台测量机、超过 8 500 套便携式测量系统、数以百万计的量具(量仪)和超过 25 000 套PC-DMIIS 通用测量软件,该集团为客户提供了完善的技术支持,并确保设计中的产品尽快投产。时至今日,该集团测量和化工两大产业拥有着青岛、上海、北京、香港、武汉等多个产业基地,年收入超过 10 亿元。

项目 2 量 针 测 量

任务 1 量 针 认 知

量针是经过精密加工的定尺寸检验量具,类似于塞规。它经常用于辅助测量的场合,如圆弧半径测量、螺纹测量、齿轮径向跳动测量等。

任务 2 量 针 测 量

2.2.1 内圆弧半径测量

1. 测量原理及方法

由于圆弧是非完整的圆,其半径的测量通常采用弓高弦长法间接实现,即先测出圆弧的弦长与弓高,再计算出被测圆弧的半径。

如图 2.1 所示,对任一圆弧的弦 AC 作垂直平分线(中垂线),则该线必通过圆心 O。弦 AC 的长度 S 称为弦长,BD 称为弓高,用 h 表示,$\overline{OA}$ 是圆弧的半径 R。

由直角三角形△ AOB 可得

$$R^2 = \left(\frac{S}{2}\right)^2 + (R-h)^2 \tag{2.1}$$

将式(2.1)整理后得

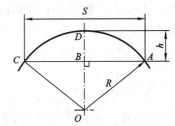

图 2.1 弓高弦长法测量原理

$$R = \frac{S^2}{8h} + \frac{h}{2} \tag{2.2}$$

被测件的特点和测量条件不同,R 的计算形式也不同,但都是根据这一基本原理演变而来的。

图 2.2 所示为内圆弧半径测量示意图。利用三角形相似(△ $OO_2B \backsim △O_2O_3C$)原理,得

$$\frac{h}{r} = \frac{2r}{R-r} \tag{2.3}$$

由式(2.3)可以推出

$$R = \left(\frac{2r}{h} + 1\right)r = \left(\frac{d}{h} + 1\right) \cdot \frac{d}{2} \tag{2.4}$$

式中:r 为量针的半径;R 为被测圆弧的半径;d 为量针的直径;h 为高度尺测量的实际尺寸。

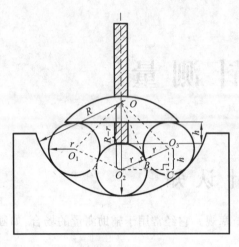

图 2.2　内圆弧测量示意图

2. 测量步骤

（1）选用三支直径相同的量针,用外径千分尺测量其直径 d,然后将它们置于内圆弧当中。

（2）将高度尺置于左右两侧的量针上,测量中间量针顶部到左右量针顶部之间的高度 h。

（3）根据测量的高度 h 和量针的直径 d,代入式（2.4）中,即可计算出内圆弧半径的大小。

3. 测量数据示例

根据前面的测量数据,量针的直径 $d=18$ mm,高度尺测量的高度 $h=5.32$ mm,则内圆弧半径

$$R=\left(\frac{d}{h}+1\right)\frac{d}{2}=\left(\frac{18}{5.32}+1\right)\times\frac{18}{2}\ \text{mm}$$
$$\approx4.383\times9\ \text{mm}=39.447\ \text{mm}$$

2.2.2　螺纹中径测量

1. 螺纹中径介绍

螺纹中径用符号 d_2 表示,它是在牙型宽和牙槽宽相等的同轴圆柱面上直径的大小,介于螺纹大径和小径之间,是检验螺纹连接松紧程度和旋合性的重要指标。常用的检测方法包括综合检验法和单项检验法。综合检验法是通过螺纹环规或螺纹通规检验螺纹中径,分别适用于外螺纹或内螺纹检验,只能判断螺纹中径是否满足公差带的合格要求,不能确定具体尺寸。单项检验法通常是指利用量针法对外螺纹进行螺纹单一中径的测量,可以测出螺纹中径的实际大小。量针法分为三针法、单针法和双针法,下面主要介绍三针法和单针法。

2. 测量原理及方法

1）三针法测量

三针法是采用三根直径相当的精密圆柱形量针,结合测量工具（如游标卡尺或公法线千分尺）进行螺纹中径测量的一种方法。现取螺距 $P=6$ mm,牙形角 $\alpha=30°$ 的梯形螺纹,通过三针法测量螺纹单一中径。

（1）根据计算公式

$$d_0=\frac{P}{2\cos\dfrac{\alpha}{2}} \tag{2.5}$$

求得量针的直径 $d_0=3.1$ mm,如图 2.3 所示。

（2）将三根量针放入螺纹的牙槽中,测得 $M=39.20$ mm,如图 2.4、图 2.5 所示。

根据三针法测量中径的计算公式

$$d_2=M-d_0\left(1+\frac{1}{\sin\dfrac{\alpha}{2}}\right)+\frac{P}{2}\cdot\cot\frac{\alpha}{2} \tag{2.6}$$

得到梯形螺纹中径 $d_2=35.319$ mm。

2）单针法测量

单针法测量原理跟三针法测量原理相似,螺纹中径的计算公式为

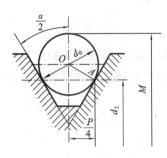

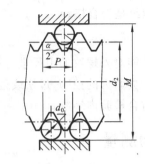

图 2.3　量针与牙槽相切　　图 2.4　应用三针法测量螺纹中径　　图 2.5　实测螺纹的 M 值

$$d_2 = 2M - d_0\left(1 + \frac{1}{\sin\frac{\alpha}{2}}\right) + \frac{P}{2}\cot\frac{\alpha}{2} - d \tag{2.7}$$

式中：d 为螺纹大径的实测尺寸。

3．测量结果示例

实际工作中，根据不同螺纹牙型角 α 可简化得到中径 d_2 的不同计算式，如表 2.1 所示。由于螺纹中径 d_2 有公差要求，在实际测量时往往根据中径 d_2 的公差，推算出 M 的极限尺寸，再根据 M 实际测量值是否在 M 允许的极限尺寸范围内判断螺纹是否合格。

表 2.1　用三针法测量螺纹中径

螺纹类型	标记	三针直径	测得 M 值的计算式	测得中径 d_2 的计算式
米制普通螺纹、统一螺纹（$\alpha=60°$）	UN,M	$d_0=0.577P$	$M=d_2+3d_0-0.866P$	$d_2=M-3d_0+0.866P$
英制惠氏螺纹、管螺纹（$\alpha=55°$）	BS,PT,G	$d_0=0.564P$	$M=d_2+3.1657d_0-0.9605P$	$d_2=M-3.1657d_0+0.9605P$
梯形螺纹（$\alpha=30°$）	Tr	$d_0=0.518P$	$M=d_2+4.864d_0-1.866P$	$d_2=M-4.864d_0+1.866P$

注：在实际工作中，如果成套的三针没有最佳值，可选用与最佳值相接近的三针来代替。

例如：已知普通螺纹 M20×2.5－6g，公称直径 $d=20$ mm，螺距 $P=2.5$ mm，中径 $d_2=18.376$ mm，中径公差 $T_{d2}=170$ μm，代号 g 的基本偏差为 -42 μm，则计算可知：

d_2 的最大极限尺寸
$$d_{2\max}=d_2+\mathrm{es}=(18.376-0.042)\,\mathrm{mm}=18.334\,\mathrm{mm}$$

d_2 的最小极限尺寸
$$d_{2\min}=d_{2\max}-T_{d2}=(18.334-0.170)\,\mathrm{mm}=18.164\,\mathrm{mm}$$

最佳的量针直径
$$d_0=0.577P=0.577\times2.5\,\mathrm{mm}=1.4425\,\mathrm{mm}$$

故选取 d_0 为 1.44 mm 的量针。

M 允许的最大极限尺寸为
$$M_{\max}=d_{2\max}+3d_0-0.866P=(18.334+3\times1.44-0.866\times2.5)\,\mathrm{mm}$$
$$=20.489\,\mathrm{mm}$$

M 允许的最小极限尺寸为
$$M_{\min}=M_{\max}-T_{d2}=(20.489-0.170)\,\mathrm{mm}=20.319\,\mathrm{mm}$$

下面可根据实测 M 值判断螺纹是否合格。

4．测量结果分析

应用量针法测量螺纹中径时，能对外螺纹的中径进行较精确的测量；测量使用的量针尺寸与被测的螺纹相关；测量时须注意夹紧力的控制，过松或过紧都会产生测量的随机误差。量针法测量螺纹适合检验外螺纹，不适合检验内螺纹。

2.2.3　齿轮径向跳动测量

1．齿轮径向跳动认知

渐开线圆柱齿轮是机器、仪器中使用最广泛的传动零件，主要用来传递运动和动力。对齿轮的使用要求可归纳为以下几个方面：① 传递运动的准确性；② 传动的平稳性 ；③ 载荷分布的均匀性；④ 侧隙的合理性。

因此，齿轮的综合测量应包含上述四个方面的内容。

齿轮径向跳动是指各齿间的固定弦到其旋转轴心线间距离的最大变动量，该值主要用来评定由齿轮几何偏心所引起的径向误差。齿轮径向跳动在齿轮传动中将影响齿轮传递运动的准确性，它是评价齿轮传动精度的指标之一。目前对齿轮精度的测量理论主要有基于齿轮几何形状和位置精度的几何精度理论、基于齿轮传动质量和位置精度的传动精度理论、基于齿轮形状位置精度和传动精度的整体误差理论和基于统计学的统计精度理论。按齿轮测量时序的不同，可分为离线测量、在机测量和在线测量。

2．测量原理及方法

齿轮径向跳动常用的测量方法是直接测量法，需要通过齿轮径向跳动检查仪、万能测齿仪和偏摆仪等测量器具进行测量，并需要采用齿轮加装心轴以及顶尖装夹的方法。如图 2.6 所示，选择合适的测头安置在齿槽中，一般测头直径为 1.68 倍的齿轮模数。应用直接法测量时，齿轮需配置心轴，对心轴的制造精度、心轴与齿轮的安装精度及顶尖的同轴度都有很高的要求。

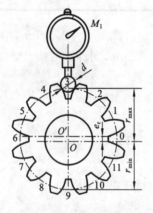

图 2.6　触头与齿廓接触

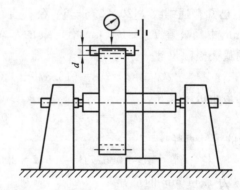

图 2.7　偏摆仪测量齿轮

图 2.7 所示为偏摆仪的外形图，主要由活动顶尖及顶尖座、偏摆仪导轨、百分表及磁性表架等组成。偏摆仪主要用于检测轴类、盘类零件的径向跳动和端面跳动，还可以用来检测齿轮径向跳动。偏摆仪的主要技术参数如下：

（1）莫氏 2 号顶尖 60°锥面的径向跳动≤0.005 mm；

（2）顶尖轴线在 100 mm 范围内对导轨的平行度（水平、垂直方向）≤0.005 mm；

（3）被测零件最大直径为 270～400 mm；

（4）测量长度为 300 mm、500 mm、1 000 mm、1 500 mm。

3．测量步骤

（1）根据被测齿轮的模数选用合适的量针嵌入齿槽当中，或选用合适的球形测量头装入百分表测量杆的下端。

（2）将被测齿轮和心轴装在偏摆检查仪的两顶尖上，拧紧紧固螺钉。

（3）调整百分表，使测头与量针最高点接触，或使测量头置于齿槽中与齿廓接触。调整百分表的零位，并使其指针压缩 1～2 圈。

（4）每测一齿，记录百分表的读数，逐齿测量一圈，并记入表 2.2 中，读取最大值 $F_{r\max}$ 与最小值 $F_{r\min}$ 之差 ΔF_r，即为齿轮径向跳动测量值。

（5）处理测量结果，并判断齿轮的质量（$\Delta F_r \leq F_r$ 为合格）。

4．思考题

（1）产生齿轮径向跳动的主要原因是什么？它对齿轮传动有什么影响？

（2）为什么测量齿轮径向跳动时，要根据齿轮的不同模数选用不同直径的球形测头？

表 2.2　齿轮径向跳动测量

仪器	名　称		测量范围/mm	示值范围/mm	分度值/mm	
	偏摆仪		1	10	0.01	
被测齿轮	编号	模数 m/mm	齿数 Z	压力角 α	精度等级	齿轮径向跳动公差 F_r/μm
	NO.	3	40	20°	9	56
测量数据记录及结果	齿序	指示表读数	齿序	指示表读数	齿序	指示表读数
	1		11		21	
	2		12		22	
	3		13		23	
	4		14		24	
	5		15		25	
	6		16		26	
	7		17		27	
	8		18		28	
	9		19		29	
	10		20		30	
	齿轮径向跳动量（误差）		$\Delta F_r =$ 最大读数－最小读数＝			μm
结论			理由			

项目3 框式水平仪测量

任务1 框式水平仪认知

1. 框式水平仪简介及工作原理

框式水平仪是测量各种机床及其他设备导轨直线度误差的常用测量器具。在框式水平仪中,主水准器安装在铸铁框架下部的大孔内,在使用之前主水准器已调整得与框架底面平行。在标准水平面上,主水准器气泡居于读数窗口中部,当水平仪倾斜放置时,气泡将发生偏移,偏移量可以从读数窗口刻线上读得,如图3.1所示。

水平仪的刻度值是气泡运动一格时的倾斜度,以 mm/m 为单位,刻度值称为读数精度或灵敏度。常见的框式水平仪的外形尺寸有 200 mm×200 mm、250 mm×250 mm,精度为0.02 mm/1000 mm。若将水平仪安置在长 1000 mm 的平整表面上,在右端垫上 0.02 mm 高的垫片,水平仪倾斜,此时气泡的运动距离正好为一个刻度,如图3.2所示。

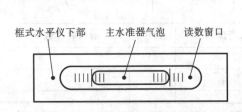

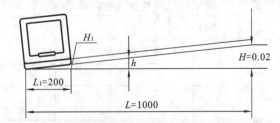

图 3.1　框式水平仪读数窗　　　　　　　图 3.2　框式水平仪

为减少水平仪在移动过程中与导轨直接接触产生的磨损,便于导轨分段精确测量,通常水平仪放在垫铁上,垫铁的长度即为每次移动测量的距离。垫铁又称为桥尺,垫铁长度称为桥尺跨距。对于精度为 0.02 mm/1000 mm 的水平仪,若将其放在 500 mm 长的垫铁上测量机床导轨,那么水平仪的气泡每运动 1 格,就说明垫铁两端的高度差是 0.01 mm。

利用框架水平仪对导轨进行测量时,首先应调整整体导轨的水平度,即将框架水平仪置于导轨的中间和两端位置上,调整导轨的水平状态,使它的气泡在各个部位都能保持在刻度范围内,再将被测导轨分成若干等分段,每段长度应等于所选桥尺的跨距,然后将框式水平仪置于桥尺之上,其相对位置在测量中不得移动。测量时,从被测导轨一端测量到另一端,按桥尺跨距依次首尾相接,读取相对读数,然后处理测量数据,计算直线度误差值。

2. 框式水平仪型号及参数

框式水平仪尺寸为 200 mm×200 mm,精度为 0.02 mm/1000 mm,所用桥尺跨距为200 mm。

任务 2　导轨直线度测量

1. 导轨直线度测量原理

根据框架水平仪的使用方法进行测量，按最小条件用作图法处理测量结果，确定直线度误差。

（1）在直角坐标系中，用横坐标代表被测导轨长度，并分成 7 等份；纵坐标表示测量结果累积值，单位为"格"，用描点法画出误差折线。

（2）作两条平行线包容误差折线，并使折线至少有高低相间三点与平行线接触。如图 3.4 中 1 点、7 点为两高点，3 点为一低点，则此两平行直线间的区域为最小包容区域。两平行线在纵坐标方向上的距离，即为所测量导轨的直线度误差 Δ（单位：格）。

2. 测量步骤

（1）将被测导轨、框式水平仪、桥尺用汽油清洗干净。

（2）将导轨分成 7 个等分段，每段长度为桥尺跨距（200 mm）。

（3）将框式水平仪安置在桥尺上，并一同置于被测导轨的一端，即第一测量段上。

（4）在框式水平仪刻度线上确定一读数零点。这一零点应是气泡某一边最靠近气泡的那一条刻线，如图 3.3 中左边的第一条短刻线。在以后的测量中都以这条线为准，测取读数。

（5）依次测量，记录各段的相对读数（注意正负号，此时正负号表示测量段上后一点相对于前一点的高低）。

（6）将相对读数换算成累计读数，也就是把原来后点相对前点的读数换算成各点相对于起始点的读数。

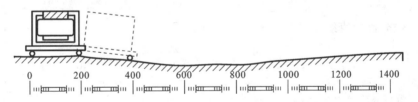

图 3.3　框式水平仪测量

3. 测量结果示例（表 3.1）

表 3.1　测量数据

测量序号	1	2	3	4	5	6	7
相对读数/格	0	−3	−2	+0.5	+1.5	+0.5	+0.5
累计读数/格	0	−3	−5	−4.5	−3	−2.5	−2

4. 结果分析

根据测量数据确定实际直线度误差。框式水平仪刻度值为 0.02 mm/1 000 mm，它表示当桥尺跨距为 1 000 mm 时，气泡移动一格，桥尺前后两点的高度差为 0.02 mm；而在实际测量中，桥尺跨距为 200 mm，因此气泡移动一格，产生的高度差为

$$h = \frac{0.02}{1\ 000} \times 200 \text{ mm} = 0.004 \text{ mm}$$

直线度评定按照最小包容区域原则。在给定平面内,由两平行直线包容实际被测要素。平行线通过高低相间的三个点,如图 3.4 所示。测量序号 1 和 7 为两个高点确定基准直线,3 为一个低点,确定另一条直线。可通过标准作图法,直接从图中读出两平行线包容距离 $\triangle$ 值,也可以通过旋转法求出 $\triangle$ 值。设定旋转坐标,并与累计读数叠加,如表 3.2 所示。

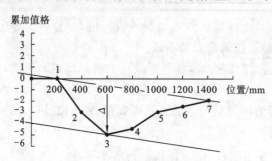

图 3.4 用最小条件法作图

表 3.2 应用旋转法进行坐标计算

旋转坐标	0	P	$2P$	$3P$	$4P$	$5P$	$6P$
旋转后坐标值	0	$-3+P$	$-5+2P$	$-4.5+3P$	$-3+4P$	$-2.5+5P$	$-2+6P$
计算数值	0	$-\dfrac{8}{3}$	$-\dfrac{13}{3}$	-3.5	$-\dfrac{5}{3}$	$-\dfrac{5}{6}$	0

令 $0 = -2+6P$,求出 $P = \dfrac{1}{3}$,代入旋转后坐标,得到旋转后的坐标数值。计算 $\triangle = 0 - \left(-\dfrac{13}{3}\right) \approx 4.3$ 格,因此直线度误差应为

$$f = h \cdot \triangle = \frac{0.02}{1\ 000} \times 200 \times 4.3 \text{ mm} = 0.017\ 2 \text{ mm}$$

项目 4 光 学 测 量

任务 1 光学测量认知

光学测量是利用光的传播特性,通过特定的元件组合实现物体对象测量的一种手段,内容包括投影测量、光栅测量、CCD[①]影像测量、机器视觉测量等,它应用了光的折射原理、光的反射原理、光的衍射原理,以及光电转换的数字化影像技术,属于非接触测量方法的一种。常见的光学测量仪器有万能测长仪、万能工具显微镜、数显光学投影仪、CCD 影像测量仪等。

4.1.1 光学影像测量

传统的光学影像法,是利用光学镜头组合,通过光路转换,最终使物体放大投影在显示屏上,借助刻度尺或模板进行测量。现代光学影像在光学投影的基础上,集合了光栅位移传感器、光栅数码器组成的测量系统以及 CCD 摄像系统实现测量。其中使用较多的是数显式投影仪以及数字型投影仪。数字型投影仪已集成了测量软件分析、打印、摄像为一体的功能。此外,带图形处理软件的影像测量仪是一种集成了 CCD 摄像、图像采集及运动控制系统为一体的测量仪器,通过图像处理技术、空间几何运算、运动控制以及对光栅数据的采集与运算来获得被测物体的几何尺寸和对被测物理量的检测。影像法测量具有以下特点:① 在测量软质物体时,减少了接触法测量时测量夹紧力对零件产生的变形误差;② 减少了量具和被测零件热膨胀系数不同产生的热膨胀误差;③ 可消除零件毛刺在接触测量时因轮廓不平整而产生误差的影响。

1. 镜头的作用

摄像机等的图像处理是一个将进入摄像元件(CCD)的光转换成电子信号,并且将其作为数据进行使用的过程。其中最重要的部分就是将光汇集到摄像元件的镜头。镜头根据光的折射原理,可以将来自拍摄对象的光汇集到一点后成像。此时,汇集光线的点称为焦点,镜头中心到焦点的距离称为焦点距离。当镜头为凸镜时,焦点距离将根据镜头的厚度(膨胀)程度不同而各不相同。膨胀程度越大,焦点距离越短。

光通过凸镜的行进线路(见图 4.1)如下:平行于光轴的光(光线 A)发生折射后,经过焦点;通过凸镜中心的光(光线 B)保持原来方向行进;通过焦点进入凸镜的光(光线 C)发生折射后平行于光轴行进。

将此当做 CCD 结构来观察时,如果拍摄对象处于凸镜的焦点以外,来自拍摄对象的光将

---

① CCD 是"charge coupled device"(电荷耦合器件)的缩写,它是一种特殊的半导体器件,上面有很多一样的感光元件,每个感光元件称为一个像素。CCD 在摄像机里是一个极其重要的部件,起到将光线转换成电信号的作用,类似于人的眼睛,因此其性能的好坏将直接影响到摄像机的性能。

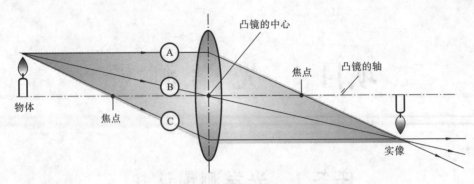

图 4.1 光的折射原理

在镜头上发生折射,并且形成一个上下和左右位置相反的影像,称之为实像。如果在此位置放置摄像元件,就可以映射出实像。

2. 镜头的特性

工业自动化(FA)行业的图像处理一般将拍摄对象到镜头的距离称为工作距离,将拍摄范围称为视野。视野由镜头的种类和工作距离、CCD 的尺寸来决定,下面详细介绍。

1) 工作距离(d_w)

工作距离表示焦点对准拍摄对象时镜头顶端到拍摄对象的距离,也称为作动距离。当为 CCD 时,下列公式成立(见图 4.2)。

$$工作距离:视野＝焦点距离:CCD 尺寸$$

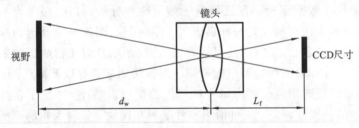

图 4.2 视野与 d_w 的关系

2) 焦点距离(L_f)

镜头的一种规格参数为焦点距离 L_f。工业自动化镜头中有代表性的镜头为焦点距离为 8 mm、16 mm、25 mm、50 mm 等规格的镜头。根据想要清晰拍摄的拍摄对象所需的视野和焦点距离,可以得出对焦位置,即工作距离(d_w)。

d_w 和视野的大小由镜头的焦点距离和 CCD 的尺寸决定(见图 4.3)。例如:焦点距离为 16 mm 镜头、CCD 尺寸为 3.6 mm 时,如果要把视野设为 45 mm,则 d_w 变为 200 mm。

3) 视野

视野指工作距离范围中的拍摄范围。一般来说,拍摄对象和镜头距离越远,则视野越广(视场角越大)。另外,视野的广度由镜头的焦点距离决定。将相对于视野,使用镜头可以拍摄的范围的角度称为视角(或者视场角)。镜头的焦点距离越小,则视角越大,视野也就越广(见图 4.3)。如果镜头的焦点距离很大,则可以放大拍摄远处的拍摄对象。

3. 景深

景深是指使人感觉镜头对焦的深度范围(拍摄物体侧的距离)。范围较大时,称为"景深

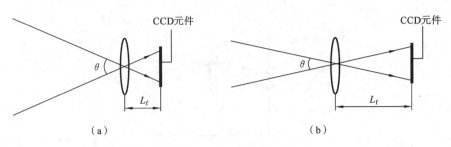

图 4.3　焦点距离与视角的关系

深";相反,范围较小时称为"景深浅"。严格说来,对焦位置只有一个,只不过肉眼在一定的范围内感觉图像能够清晰成像,将此范围称为景深。

下面以 CCD 作为图像接收元件为例说明其原因,是否模糊,只要用 CCD 的 1 个像素的大小(像素直径)来考虑,就比较容易了解,如图 4.4 所示。在图 4.4 中,S_1 为焦点距离与近摄对象镜头的厚度之和,S_2 为工作距离。

图 4.4(a)所示为在理论上对焦最准的状态。在此状态下,通过镜头折射的光的顶点正好落在 CCD 元件上。在图 4.4(b)、图 4.4(c)中,光的顶点的位置与 CCD 的位置虽然有所偏移,但并没有与邻近的 CCD 重叠。实际上,图 4.4(a)到 4.4(c)全部的焦点都对焦成功。与此类似,在 CCD 的 1 个像素的范围内即使焦点的大小发生变动,也不会反映到(看不出区别)通过电子信号输出的图像中。因此,将在规定范围内焦点大小收缩 d_w 的变化范围称为景深。也就是说镜头、光学倍率相同时,单个像素较大的 CCD 容纳的范围更广,因此景深更深。

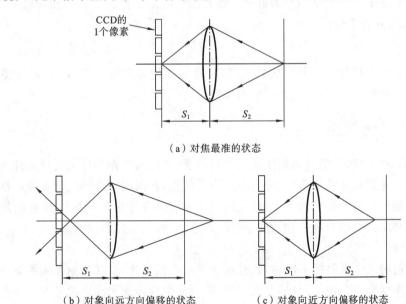

(a) 对焦最准的状态

(b) 对象向远方向偏移的状态　　　(c) 对象向近方向偏移的状态

图 4.4　对象在不同位置时所表现的景深

景深与光圈和焦点大小的关系,如图 4.5 所示。无论哪个镜头,调小光圈则景深变深,这是因为可以在保持 S_1、S_2 值不变的前提下将光圈的角度调小,由此可以将焦点的大小调小,使得对焦的范围更广。

4. 光圈值(F 值)

光圈值(F 值)是指表示镜头的明亮度的基准,是镜头的焦点距离 L_f 除以镜头直径(口径)

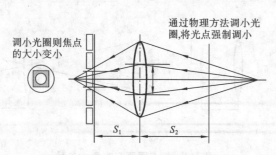

图 4.5 景深与光圈和焦点大小的关系

D 得到的值,即

$$F = \frac{L_f}{D} \tag{4.1}$$

5. 像素

像素(pixel)是指图像的最小构成单位。计算机显示器显示的图像是通过像素这一规则排列的点的集合进行表现的。每一个点都拥有色调和阶调等色彩信息,由此就可以描绘出彩色的图像。

例如:液晶显示器上会显示"分辨率:1 280 × 1 024"等信息,这表示横向的像素数为 1 280、纵向的像素数为 1 024,其像素总数即为 1 280×1 024 =1 310 720。由于像素数越多,则越可以表现出图像的细节,因此其清晰度更高。

像素间距是某个像素的中心到邻近一个像素的中心的距离。像素直径指每个 CCD 元件的大小,通常以 μm 为单位。

6. 增益

增益是指将图像信号进行电子增幅的过程,用于图像处理的 CCD 中一般配备了可以通过在暗处拍摄时增幅的信号,从而拥有使图像变得明亮的功能。

4.1.2 光栅测量

在 20 世纪 50 年代,人们开始利用光栅的莫尔条纹现象,把光栅作为测量元件应用于机床和计量仪器上。光栅具有结构简单、计量精度高等优点,在国内外受到广泛重视和推广。近年来,我国设计、制造了很多形状的光栅传感器,成功地将其作为数控机床的位置检测元件应用于高精度机床和仪器的精密定位和长度、速度、加速度、振动等方面的测量。

1)计量光栅

光栅是由玻璃或金属材料制成的,且有很多等间距的不透光刻线,刻线间留有透光的间隙的光学器件。光栅有很多种类,根据其工作原理,可分为物理光栅和计量光栅。前者利用光的衍射现象,通常用于光谱分析和光波测定等方面;后者主要利用光栅的莫尔条纹现象,广泛应用于位移的精密测量与控制中。

计量光栅按对光的作用,可分为投射光栅和反射光栅;按光栅表面结构,又可分为幅值(黑白)光栅和相位(闪耀)光栅;按光栅的坯料不同,还可分为金属光栅和玻璃光栅;按光栅的用途,可分为长光栅(测量线位移)和圆光栅(测量角位移)。在计量光栅中,应用较为广泛的是长光栅和圆光栅。长光栅的刻线密度有每毫米 25 条、50 条、100 条和 250 条等,圆光栅的刻线数有 10 800 条和 21 600 条两种。下面主要讨论用于长度测量的黑白投射式计量光栅。

2）光栅条纹的产生

（1）光栅传感器的结构。

光栅传感器主要由主光栅（标尺光栅）、指示光栅和光路系统组成，如图 4.6 所示。主光栅 3 是一块长条形的光学玻璃，上面均匀地刻划有宽度为 a 和间距为 b，间距相等的透光和不透光线条（$a+b=W$，称为光栅的栅距或光栅常数）。指示光栅 4 比主光栅 3 短得多，通常刻有与主光栅 3 同样刻线密度的条纹。光路系统除主光栅 3 和指示光栅 4 外，还包括光源 1、透镜 2 和光电接收器 5。

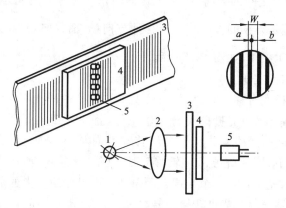

图 4.6　光栅及光栅传感器

1—光源；2—透镜；3—主光栅；4—指示光栅；5—光电接收器

（2）莫尔条纹的形成和特点。

如图 4.7(a)所示，把主光栅与指示光栅相对平行叠合在一起，中间保持 0.01～0.1 mm 间隙，并使两者栅线之间保持很小的夹角 β，于是在近乎垂直栅线的方向上出现了明暗相间的条纹。在 aa 线上，两光栅的透光线条彼此重合，光线从缝隙中通过形成亮带；在 bb 线上，两光栅的透光线彼此错开，挡住光线形成暗带。这种明暗相间的条纹称为莫尔条纹。

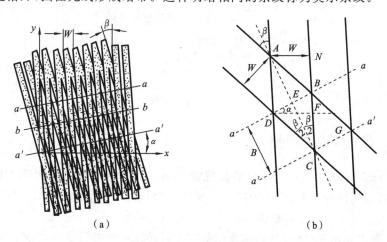

（a）　　　　　　　　　　　　　　（b）

图 4.7　莫尔条纹的形成

图 4.7(b)表示主光栅和指示光栅透光线条中心相交的情况，很显然，它们交点的连线也就是亮带的中心线，图中 DB 便是亮带 aa 的中心线，而 CG 则是亮带 $a'a'$ 的中心线，由图可见莫尔条纹倾角 α 即图中 $\angle BDF$ 为两光栅栅线夹角 β 的一半，即

$$\alpha = \frac{\beta}{2} \tag{4.2}$$

由图 4.7(b)可以求得横向莫尔条纹之间的距离 B（即相邻两条亮带中心线或相邻两条暗带中心线之间的距离）：

$$B = \overline{CE} = \frac{1}{2}\overline{AC} = \frac{\overline{AN}}{2\sin\frac{\beta}{2}} = \frac{W}{2\sin\frac{\beta}{2}} \approx \frac{W}{\beta}（当 \beta 很小时） \tag{4.3}$$

式中：B 为横向莫尔条纹之间的距离；W 为光栅栅距；β 为主光栅与指示光栅之间的夹角。

由式(4.2)可知，莫尔条纹的方向与光栅移动方向（x 轴方向）只相差 $\frac{\beta}{2}$，即近似垂直于栅线方向，故称为横向莫尔条纹，如图 4.7 所示。

3）光栅传感器的工作原理

如前所述，当主光栅左右移动时，莫尔条纹上下移动。由图 4.7 可见，莫尔条纹与两光栅夹角的平分线保持垂直。当主光栅栅线与 y 轴平行，且主光栅沿 x 轴移动时，莫尔条纹沿夹角 β 的平分线的方向移动，严格地讲莫尔条纹移动方向与 y 轴有 $\beta/2$ 的夹角，但因 β 一般很小，$\beta/2$ 更小，所以可以认为，主光栅沿 x 轴移动时，莫尔条纹沿 y 轴移动。

当主光栅相对指示光栅移过一个光栅栅距 W 时，由光栅副产生的莫尔条纹也移动一个条纹间距 B，从光电接收器输出的光电转换信号也完成一个周期。光电接收器由 4 个硅光电池组成，分别输出相邻相位差为 $90°$ 的四路信号，经电路放大、整形处理成计数脉冲，并用电子计数器计数，最后由显示器显示光栅移动的位移，从而实现数字化的自动测量。电路原理如图 4.8 所示。

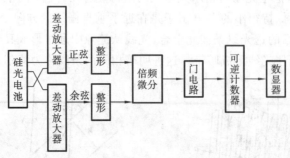

图 4.8　光栅电路原理

4.1.3　机器视觉测量

机器视觉（machine vision）又称计算机视觉（computer vision），它将数字图像处理和数字图像分析、图像识别结合起来，是一种能与人脑的部分机能比拟、能够理解自然景物和环境的系统，在机器人领域中可为工业机器人提供类人视觉的功能。

视觉传感器主要用于位置检测、图像识别以及对操作对象进行检测等方面，一般以光变换为基础，包括照明、接收、光电变换以及扫描器 4 个部分。

1）视觉系统的硬件组成

视觉系统可分成图像输入、图像处理、图像存储和图像输出 4 个部分。例如：工业机器人的视觉系统输入图像大致有二值图像、灰度图像、RGB 图像等。每个像素只有黑、白两种颜色的图像称为二值图像。在二值图像中，像素只有 0 和 1 两种取值，一般用 0 来表示黑色，用 1

表示白色。

在二值图像中进一步加入许多介于黑色与白色之间的颜色深度,就构成了灰度图像。这类图像通常显示为从最暗的黑色到最亮的白色的灰度,每种灰度(颜色深度)称为一个灰度级,通常用整数表示。

2)视觉信号的预处理

摄像机摄像时,将三维物体转化为二维图像,处理图像时又需要使用计算机将二维图像变成一维的信号。在这种量化的过程中,计算机的采样频率和量化水平对于图像的质量将产生极大的影响。

3)图像分割

机器人视觉系统将所需的画面从被检测到的图像中区别并提取出来的过程称为图像分割。获取二值图像和灰度图像有不同方法,目前所使用的一般方法为二值化法和边缘检测法。其中,二值化法是通过确定一个阈值 t 来判断灰度从而分离图像;边缘检测法是根据灰度的不连续性,找出两景物的分界线,也称为提取棱线。

4)图像的处理与识别

数字图像分析(digital image analyzing)是指对图像中感兴趣的目标进行检测和测量,以获得客观的信息。数字图像分析通常是指将一幅图像转化为另一种非图像的抽象形式,例如图像中某物体与测量者的距离,目标对象的计数或其尺寸等。这一概念的外延包括边缘检测和图像分割、特征提取以及几何测量与计数等。

数字图像识别(digital image recognition)主要是研究图像中各目标的性质和相互关系,识别出目标对象的类别,从而理解图像的含义。它囊括了使用数字图像处理技术的很多项目,例如光学字符识别(OCR)、产品质量检验、人脸识别、车辆自动驾驶、医学图像处理和地貌图像的自动判读理解等。

任务 2　万能测长仪测量

4.2.1　万能测长仪认知

1. 万能测长仪简介及结构组成

万能测长仪是一种由精密机械、光学系统和电气部分相结合起来的长度计量仪器。它除了可以用来对零件外形尺寸进行直接测量和比较测量外,还可以使用仪器的附件进行各种特殊测定工作。该仪器具有一定的万能性,是计量室中基本的长度计量仪器之一。使用范围包括:① 外尺寸测定,如平行平面零件、球形零件、圆柱形零件等;② 内尺寸测定,如平行平面零件、以内测装置测内孔、以电眼装置测内孔等;③ 螺纹中径的测定,如测量外螺纹中径和内螺纹中径。万能测长仪主要由底座、万能工作台、测座、尾座以及各种测量设备附件所组成(见图4.9)。

2. 万能测长仪工作原理

万能测长仪是按照阿贝原理设计制造的,被测工件放在标准件(玻璃尺)的延长线上,因此能保证仪器的高精度测量。

在万能测长仪上进行测量,是直接把被测件与精密玻璃尺作比较,然后利用螺旋测微显微

图 4.9　万能测长仪整体图

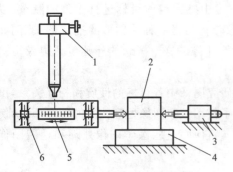

图 4.10　测量原理示意图

1—螺旋测微显微镜;2—被测工件;3—尾架;
4—万能工作台;5—玻璃尺;6—滚珠轴承

镜观察刻度尺进行读数。玻璃尺被固定在测体上。因其在纵向轴线上,故刻度尺在纵向移动量上完全与试件的长度一致,而此移动量可在显微镜中读出,如图 4.10 所示。

3. 万能测长仪型号及参数

万能测长仪主要参数如下。

(1) 分度值:读数显微镜的分度值为 0.001 mm,工作台上微分筒的分度值为 0.01 mm。

(2) 直接测定范围:0~100 mm。

(3) 使用范围。① 外尺寸测定:不用顶针架时,0~500 mm;用顶针架时,0~180 mm。② 内尺寸测定:使用电眼装置时,1~20 mm;使用内测装置时,10~200 mm。

(4) 测量压力:一般情况下,150~250 g;使用电眼装置测定时,0。

(5) 仪器误差:外尺寸测定时,$\pm(1.5+L/100)$ μm;内尺寸测定时,$\pm(2+L/100)$ μm(式中 L 为测定值,单位为 mm)。

(6) 仪器示值稳定性:0.4 μm。

(7) 万能工作台调节范围:竖向范围(高度),0~105 mm;横向范围(长度、宽度),0~25 mm。

(8) 顶针架:最大跨度为 200 mm。

4.2.2　万能测长仪测量环规内孔

1. 测量原理及方法

首先用测钩测定内尺寸(见图 4.11)。本次测钩测定的内尺寸是 10 mm 以上的孔径。在测量前,必须先用一个标准来对正。在万能测长仪上的标准是采用一个孔径尺寸精度为 0.1 mm 的样圈。测量时,两测钩分别装在测座和尾座的顶针轴上。测钩装好后,将样圈置于

图 4.11　内测装置

垫条之上,使样圈的指标线正好通过测定轴线,并以压板固定,分别通过旋转微分筒和水平工作台的调整扳手,使在显微镜中观察的刻度线的移动正好处于转折点位置,此时测量的轴线正好穿过曲面中心,并且与圆柱体的轴线垂直(见图 4.12)。样圈处于正确位置后,对正起始值。可以通过样圈上所标注的尺寸来对正,即当测钩与处于正确位置的样圈接触时,读数显微镜中的示值应与样圈上所标注的尺寸一致,这样在测量时就是以 0.000 0 为起始值来进行读数。若以任意值来对准的话,则测量值应为显微镜读数减去样圈的测量读数与实际值之差。读数的方法为:通过视场刻度粗线读出整数位,通过 1/10 mm 的分划板读出十分位,通过移动刻度粗线到螺旋双线之间,观察 1/1 000 mm 的螺旋分划板读数,读出百分位及千分位,最后精确到万分位,即小数点后四位。具体读数方法如图 4.13 所示,示例中图(a)的读数为 0,图(b)的读数为 53.285 3 mm。

图 4.12　环规内孔测量

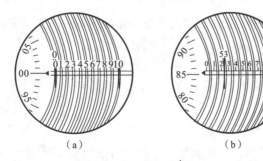

（a）　　　　　　　　　　（b）

图 4.13　显微镜读数示意图

2. 测量结果示例

样圈直径为 14.031 mm,样圈直径测量的初始读数为 18.013 4 mm,则样圈直径测量读数值与实际值之差为

$$(18.013\ 4-14.031)\ \text{mm}=3.982\ 4\ \text{mm}$$

被测环规测量读数为 53.954 6 mm,则被测环规的实际尺寸为

$$(53.954\ 6-3.982\ 4)\ \text{mm}=49.972\ 2\ \text{mm}$$

任务3　万能工具显微镜测量

4.3.1　万能工具显微镜认知

1. 万能工具显微镜简介

万能工具显微镜(见图 4.14)是一种在工业生产和科学研究中使用十分广泛的光学计量仪器。该仪器具有较高的测量精度,适用于长度和角度的精密测量;同时由于配备有多种附件,其使用范围得到充分的扩大。

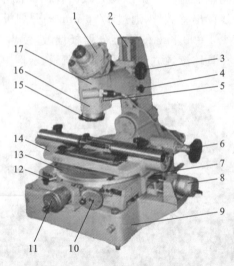

图 4.14　万能工具显微镜结构图

1—测角目镜;2—立柱;3—调焦手轮;4—锁紧螺钉;5—角度目镜光源;6—立柱偏转手轮;

7—扩大量程量块;8—纵向测微手轮;9—底座;10—转动工作台手轮;11—横向测微手轮;

12—工作台锁紧螺钉;13—工作台;14—顶尖架;15—微调焦手轮;16—物镜;17—悬臂

仪器可用影像法、轴切法或接触法按直角坐标系坐标对机械工具和零部件的长度、角度和形状进行测量,主要的测量对象有刀具、量具、模具样板、螺纹和齿轮类工件等。工具显微镜分小型、大型、万能和重型四种,它们的测量精度和测量范围虽然不同,但基本原理是一致的。万能工具显微镜主要由目镜、工作台、底座、支座、立柱、悬臂和测微千分尺等部分组成,主要结构如图 4.14 所示。

2. 万能工具显微镜工作原理

万能工具显微镜测量的原理就是利用影像法进行测量。它巧妙地利用了实物的显微放大

原理,与光标刻度尺、米字尺、角度尺投影的原理结合而成的。利用透镜的放大和光路的转换,把实物像和米字尺成像在一个平面上,依靠米字尺刻线与实物影像相切,通过工作台的移动和 z 轴立柱的旋转,以及转动角度尺的旋钮来实现长度和角度的测量。工具显微镜测量的核心原则就是测量平面和投影平面是同一平面或平行平面。

3．万能工具显微镜型号及参数

下面所用的万能工具显微镜型号为 19JA,该型万能工具显微镜主要参数如下。

(1) x 轴、y 轴:$x \leqslant 0.003\ 5$ mm,$y \leqslant 0.002\ 5$ mm;修正后,$x \leqslant 0.002\ 5$ mm,$y \leqslant 0.001\ 5$ mm。

(2) 测角目镜:$\Delta\theta \leqslant 1'$。

(3) 光学分度台:$\leqslant 30''$。

(4) 光学分度头:$\leqslant 1'$。

(5) 双像目镜:合像不稳定性,$\leqslant 0.000\ 5$ mm;合像不正确性,$\leqslant 0.000\ 1$ mm。

(6) 光学定位器:测量不稳定性,$\leqslant 0.000\ 1$ mm;测量不准确度,$\leqslant 0.001\ 5$ mm。

4.3.2　用影像法测螺纹螺距

1．螺纹螺距的基本知识

螺纹螺距是指在螺纹轴截面上相邻的两个牙型的同一牙侧之间的距离,用符号 P 表示。

2．测量原理及方法

利用影像法将螺纹牙型的垂直投影截面与测量仪器的观测平面平行,调整螺纹位置,使轴线与测量仪器的坐标方向一致,通过瞄准法,使米字线与相邻牙型同一侧相切,取读数之差即螺距的测量值。

3．测量步骤

(1) 使用定焦杆进行调焦。

(2) 换上被测件,按平均螺旋角倾斜瞄准显微镜,用米字线瞄准牙型的一边Ⅰ,记作 x 读数;再移动 x 轴向滑台(这时,y 轴向滑台不能移动),使工件移过一牙或几牙,同样对另一牙的同侧牙边Ⅱ进行瞄准和读数,如图 4.15 所示。

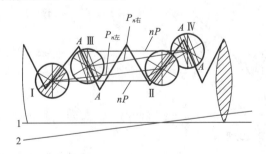

图 4.15　影像法测螺纹螺距

(3) 两次 x 读数值之差则为螺距(移过一牙时)或几个螺距(移过几牙时)的测量值。

为消除由于螺纹轴线不平行于 x 轴向滑台运动方向而产生的测量误差,可用同样方法在另一牙边上进行测量(Ⅲ、Ⅳ),以两次测量结果的平均值作为测量值。同样,可进一步在不同截面内测量螺距,再计算测量结果的算术平均值。有关数据记入表 4.1 中。

4.3.3　利用影像法测量螺纹牙型角

1. 螺纹牙型角的基本知识

螺纹牙型角指螺纹牙型上相邻两牙侧间的夹角,螺纹牙型半角指螺纹牙侧与螺纹轴线垂直线间的夹角。

螺纹旋合长度指两个相互配合的螺纹沿螺纹轴线方向相互旋合部分的长度。

2. 测量原理及方法

在工具显微镜上测量外螺纹参数常采用影像法、轴切法和干涉法。用影像法测量时应瞄准螺纹牙型的影像,为了使投射光线垂直于螺纹牙型截面,需将工具显微镜的立柱倾斜一个螺纹升角 ψ,以便清楚地看清螺纹牙型。

轴切法是测量螺纹轴切面内参数的方法,测量时将附件测量刀的刀刃与被测螺纹牙廓紧密贴合,然后瞄准测量刀的刻线,而不是直接瞄准螺纹的牙廓,从而可提高瞄准的精度。用轴切法测量时,不必将工具显微镜的立柱倾斜角度。

干涉法通常是指光干涉法,采用小孔照明,在螺纹的牙廓外缘形成干涉条纹,用米字线瞄准干涉带代替瞄准牙廓来进行测量。

3. 测量步骤

(1) 利用定焦杆进行调焦。

(2) 换上被测件,按平均螺旋角倾斜瞄准显微镜,与测量角度的方法相同用米字线分别对两牙边 Ⅰ 和 Ⅲ 进行瞄准和角度读数;再反方向倾斜显微镜并移动 y 轴向滑台,对直径对方的牙型进行同样测量(Ⅱ,Ⅳ),如图 4.16 所示。

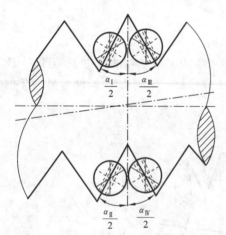

图 4.16　影像法测量螺纹牙型角

(3) 根据 4 次角度读数值可算得牙型角、牙型角对于螺纹轴线的不对称偏差以及中心夹持偏差(即螺纹轴线对于 x 轴向滑台运动方向的不平行偏差)的数值。有关数据记入表 4.1 中。

例如:普通螺纹的牙型角测量角度读数值为

$$\frac{\alpha_{\mathrm{I}}}{2} = 329°47'(30°13')$$

$$\frac{\alpha_{\mathrm{II}}}{2} = 329°41'(30°19')$$

$$\frac{\alpha_{\mathrm{III}}}{2} = 30°03', \quad \frac{\alpha_{\mathrm{IV}}}{2} = 29°57'$$

则牙型左、右半角平均值为

$$\frac{\alpha_{左}}{2} = \frac{\dfrac{\alpha_{\mathrm{I}}}{2} + \dfrac{\alpha_{\mathrm{IV}}}{2}}{2} = \frac{30°13' + 29°57'}{2} = 30°05'$$

$$\frac{\alpha_{右}}{2} = \frac{\dfrac{\alpha_{\mathrm{II}}}{2} + \dfrac{\alpha_{\mathrm{III}}}{2}}{2} = \frac{30°03' + 30°19'}{2} = 30°11'$$

牙型角:

$$\alpha = \frac{\alpha_{左}}{2} + \frac{\alpha_{右}}{2} = 30°05' + 30°11' = 60°16'$$

牙型角对于螺纹轴线的不对称偏差：

$$\theta = \frac{\frac{\alpha_{左}}{2} - \frac{\alpha_{右}}{2}}{2} = \frac{30°05' - 30°11'}{2} = -3'（左半角比右半角小）$$

中心夹持偏差：

$$\varphi = \frac{\frac{\alpha_{I}}{2} - \frac{\alpha_{IV}}{2}}{2} = \frac{30°13' - 29°57'}{2} = 8'（螺纹轴线顺时针方向倾斜）$$

同样，对不同截面的测量结果，仍以算术平均法处理。

用影像法测量牙型角，存在着误差，在螺旋角较大或者对测量精度要求较高的情况下需按下式进行修正：

$$\tan \frac{\alpha'}{2} = \frac{\tan \frac{\alpha}{2}}{\cos \beta} \tag{4.4}$$

式中：$\frac{\alpha'}{2}$ 为修正后的牙型角半角值；$\frac{\alpha}{2}$ 为牙型角半角测量值；β 为平均螺旋角。

4.3.4　利用影像法测量螺纹中径

1. 螺纹中径的基本知识

螺纹直径包括大径（D、d）、中径（D_2、d_2）和小径（D_1、d_1）。螺纹内径用大写字母表示，螺纹外径用小写字母表示。螺纹设计中通常用螺纹大径（即公称直径）表示螺纹的直径。而在实际检验中，是通过对螺纹中径进行检验，以判断螺纹是否合格。螺纹中径的检验包括单一中径和作用中径（$D_{2作用}$ 或 $d_{2作用}$）的检验。判断螺纹是否合格的条件如下所述。

对于外螺纹：

$$\begin{cases} d_{2作用} \leqslant d_{2max} \\ d_{2单-} \geqslant d_{2min} \end{cases}$$

对于内螺纹：

$$\begin{cases} D_{2作用} \geqslant D_{2min} \\ D_{2单-} \leqslant D_{2min} \end{cases}$$

2. 测量原理及方法

通过影像法，调整螺纹的投影方向，使其与镜头观测方向一致，并与仪器测量的坐标方向一致。通过瞄准法，使米字线分别瞄准螺纹中径的两端，两次读数之差即螺纹单一中径的测量值。

3. 测量步骤

(1) 按规定调好可变光阑。

(2) 利用定焦杆进行调焦。

(3) 换上被测件，按螺纹的平均螺旋角倾斜瞄准显微镜，用米字线瞄准牙型角的一边 I，记作读数 y；再以相同的角度反方向倾斜显微镜并移动 y 轴向滑台（这时，x 轴向滑台不能移动），同样对直径对方的相应牙边 II 进行读数，如图 4.17 所示。

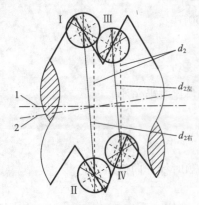

图 4.17 影像法测量螺纹中径

螺纹的平均螺旋角用下式计算：

$$\tan\beta=\frac{S}{\pi d_2} \tag{4.5}$$

式中：β 为平均螺旋角（°）；S 为螺纹导程（对于单头螺纹为螺距，mm）；d_2 为螺纹中径（mm）。

（4）y_1、y_2 读数值之差则为中径的测量值。

为消除由于螺纹轴线不垂直于 y 轴向滑台移动方向而产生的测量误差，可用同样的方法在另一牙边上进行测量（Ⅲ，Ⅳ），以两次测量结果的平均值作为测量值。考虑到不同截面内的中径的差异，若将工件绕轴线转过 90°再重复上面的测量，并取两个截面内测量结果的平均值，将使测量误差最小。有关数据记入表 4.1 中。

表 4.1 螺纹螺距、牙型角、中径测量

仪器	名 称	测量范围/mm		分 度 值	
		纵向	横向	长度/mm	角度/(′)
	万能工具显微镜	200	100	0.001	10
被测件	螺纹标记	9h	精度等级	9	中径公差	280 μm
	大径 d /mm	中径 d_2/mm	螺距 P/mm	牙型半角 $\frac{\alpha}{2}$	螺纹升角 ψ
	10	9.026	1.5	30°	3°1′41″

测量数据记录与结果	牙型半角	$\dfrac{\alpha_\mathrm{I}}{2}=$	$\dfrac{\alpha_\mathrm{II}}{2}=$
		$\dfrac{\alpha_\mathrm{IV}}{2}=$	$\dfrac{\alpha_\mathrm{III}}{2}=$
		$\dfrac{\alpha_左}{2}=\dfrac{\dfrac{\alpha_\mathrm{I}}{2}+\dfrac{\alpha_\mathrm{IV}}{2}}{2}$	$\dfrac{\alpha_右}{2}=\dfrac{\dfrac{\alpha_\mathrm{II}}{2}+\dfrac{\alpha_\mathrm{III}}{2}}{2}$
		$\Delta\dfrac{\alpha_左}{2}=\dfrac{\alpha_左}{2}-\dfrac{\alpha}{2}=$	$\Delta\dfrac{\alpha_右}{2}=\dfrac{\alpha_右}{2}-\dfrac{\alpha}{2}=$
		牙侧角偏差中径当量：$f_{\frac{\alpha}{2}}=0.073P\left[k_1\left\|\Delta\dfrac{\alpha_左}{2}\right\|+k_2\left\|\Delta\dfrac{\alpha_右}{2}\right\|\right]\mu$m$=$	
	中径	$d_{2左}=$	单一中径	$d_{2单一}=(d_{2左}+d_{2右})/2=$
		$d_{2右}=$		
	螺距	跨测螺距数 $n=$ 3	$P_{n左}=$	$P_{n右}=$
		实际螺距 $P_{n实}=(P_{n左}+P_{n右})/2=$		
		螺距累积误差 $\Delta P_\Sigma=P_{n实}-P_n=$		
		螺距累积误差的中径当量：$f_P=1.732\|\Delta P_\Sigma\|=$		
	作用中径	$d_{2作用}=d_{2单一}+(f_{\frac{\alpha}{2}}+f_P)=$		
	结论	理由	合格条件 $d_{2作用}\leqslant d_{2max}$ $d_{2单一}\geqslant d_{2min}$	

注：关于 k 的取值，牙型半角偏差正取 2，牙型半角偏差负取 3。

任务 4　数显光学投影仪测量

4.4.1　数显光学投影仪认知

1. 数显光学投影仪简介

数显光学投影仪(见图 4.18)是一种光机电一体化的精密高效光学计量仪器,广泛用于机械、仪表、钟表、电子、电缆、橡胶、五金、建材、轻工等各行各业的生产车间以及大专院校、科研院所、计量检定部门的实验室、计量室。它能高效地检测各种形状复杂工件的轮廓尺寸和表面形状。

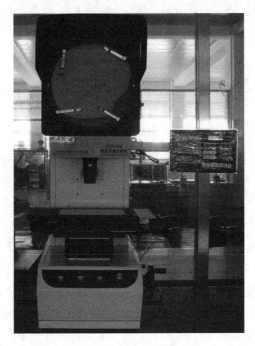

图 4.18　数显光学投影仪

2. 数显光学投影仪工作原理

被测工件置于工作台上,在透视(或反射)照明下,它由物镜成放大实像并经反射成像于投影屏磨砂面上,此时可用标准玻璃尺在投影屏上进行测量,测得的数值除以物镜放大倍数即为工件的测量尺寸,也可以用预先绘制的标准放大图对其进行比较测量,还可利用工作台上的数字显示系统对工件进行坐标测量,利用投影屏角度数显系统对工件角度进行测量。视工件性质,透视照明和反射照明可分别使用,也可同时使用。

3. 数显光学投影仪型号及参数

本任务使用的 PDP300 型数显光学投影仪的主要参数如下。

(1) 投影屏(mm):ϕ308(刻有米字线)。

(2) 投影屏旋转范围:0°～360°。

(3) 旋转角度数显分辨率:1′。

(4) x 轴行程(mm):200(数显分辨率:0.001)。

(5) y 轴行程(mm):100(数显分辨率:0.001)。

(6) 调焦行程(mm):70。

(7) 玻璃台面尺寸(mm):260×150。

(8) 物镜放大倍数:10×(必备)、20×(选用)、50×(选用)、100×(选用)。

4.4.2 齿轮公法线长度及模数测量

1. 齿轮公法线长度及模数

齿轮的公法线长度是指与齿轮基圆相切且垂直于齿轮齿廓的直线与齿廓的两交点之间的距离。用公法线千分尺或游标卡尺测量齿轮的公法线长度,测得 W_k 和 W_{k+1} 的值,如图 4.19

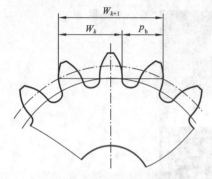

图 4.19 齿轮公法线测量

所示。W_k 为跨过 k 个齿测得的公法线长度值,k 值参考公式 $k=\frac{\alpha}{180}z+0.5$ 确定(式中:α 为齿轮的压力角;z 为齿轮的齿数)。由渐开线的性质可知,$W_k=(k-1)p_b+S_b$,$W_{k+1}=kp_b+S_b$,因此 $W_{k+1}-W_k=p_b=\pi m\cos\alpha$,得到

$$m=(W_{k+1}-W_k)/(\pi\cos\alpha) \qquad (4.6)$$

取分度圆压力角 $\alpha=20°$ 代入式(4.6)中计算,取得最接近标准值的一组模数值,即为所测齿轮的模数。

2. 测量原理及方法

通过间接测量法首先对齿轮公法线进行测量,进而换算出齿轮的模数 m。测量的主要原理是使米字线分别跨过 k 和 $k+1$ 个齿与齿轮齿廓相切,测得公法线长度 W_k 和 W_{k+1} 的值,然后根据公式 $W_{k+1}-W_k=p_b=\pi m\cos\alpha$ 得到 m 值。

3. 测量结果示例

如图 4.20 所示,将齿轮摆到视场的合适位置,旋转升降手轮,使齿轮投影图像清晰,移动 x 轴滑台,使米字线的竖直线与齿廓一边相切,此时在数字显示屏上将 x 坐标轴清零,作为起始读数。然后移动 x 轴滑台,使米字竖直刻度线分别跨过 3 个齿和 4 个齿后与齿廓相切,如图 4.21、图 4.22 所示,读出数显屏上 x 轴向坐标的读数,分别计为 x_1 和 x_1',此时 x_1、x_1' 的读数即为跨过 3 个齿和 4 个齿的公法线长度。重新调整齿轮位置,用同样的方法,再进行测量读数,计为 x_2 和 x_2'……这样连续测量五次,得到 x_1、x_2、x_3、x_4、x_5 和 x_1'、x_2'、x_3'、x_4'、x_5',将数据分别填入实验表格。对实验数据进行处理,可得 $W_k=(x_1+x_2+x_3+x_4+x_5)/5$,$W_{k+1}=(x_1'+x_2'+x_3'+x_4'+x_5')/5$。对木质齿轮和塑料齿轮分别进行测量,相应实验数据如表 4.2 和表 4.3 所示。

图 4.20 测量齿廓公
法线投影仪

图 4.21 米字线与木质齿轮
一侧轮廓相切

图 4.22 米字线与木质齿轮
跨齿轮廓相切

表 4.2　木质齿轮测量数据表　　　　　　　　　　　　　　　单位:mm

测量次数 i	k 齿公法线长度 W_k	$k+1$ 齿公法线长度 W_{k+1}
1	29.056	40.078
2	29.08	40.11
3	29.004	40.145
4	29.035	40.039
5	28.992	40.003
测量平均值 $\bar{x}$	29.033	40.075
不确定度 $\pm 3u$	± 0.049	± 0.075
测量结果 x	29.033 ± 0.049	40.075 ± 0.075
齿轮模数 m	$m=(W_{k+1}-W_k)/(\pi\cos\alpha)=3.74\pm0.042$	

表 4.3　塑料齿轮测量数据表　　　　　　　　　　　　　　　单位:mm

测量次数 i	k 齿公法线长度 W_k	$k+1$ 齿公法线长度 W_{k+1}
1	33.111	41.831
2	33.141	41.826
3	32.92	41.767
4	33.008	41.968
5	32.639	41.643
测量平均值 $\bar{x}$	32.964	41.807
不确定度 $\pm 3u$	± 0.270	± 0.158
测量结果 x	32.964 ± 0.270	41.807 ± 0.158
齿轮模数 m	$m=(W_{k+1}-W_k)/(\pi\cos\alpha)=2.996\pm0.145$	

4. 结果分析

对照标准齿轮模数表(见表 4.4),结合表 4.2 和表 4.3 的测量数据,选择最接近的标准齿轮模数,可得木质齿轮模数为 3.5 mm,塑料齿轮模数为 3 mm。

表 4.4　渐开线齿轮标准模数系列表

系　　　列	渐开线圆柱齿轮模数(摘自 GB/T 1357—2008)
第一系列	1　1.25　1.5　2　2.5　3　4　5　6　8　10　12　16　20　25　32　40　50
第二系列	1.125　1.375　1.75　2.25　2.75　3.5　4.5　5.5　(6.5)　7　9　11　14　18　22　28　35　45

对两个齿轮测量的数据进行分析。由于本次测量实训的系统误差主要是未对准零线产生的定值系统误差,而定值系统误差的大小评定可以采用对比检定法进行处理。对比检定法是利用实验中仪器测量数据的平均值与更高精度等级的测量仪器对零件多次重复测量数据的平均值作比较,取两者之差作为定值系统误差。根据加工齿轮所用的数控滚齿机的加工精度为 $\pm 6\ \mu m$,而实际齿轮的模数的精度等级如表 4.4 所示为 ± 0.05 mm,因此实际按模数设定进

行加工的齿轮,齿轮模数的实际大小即为理想模数,即表 4.4 中所示的标准模数。从而定值系统误差可以用标准模数与测量的模数作比较得出齿轮模数的定值系统误差。由于本次测量实训中温度、环境、测量条件等因素不变,即不存在变值系统误差,结合实验数据表 4.2 和表 4.3,可得到齿轮模数测量误差如下:① 木质齿轮模数测量的系统误差为(3.74－3.5)mm＝0.24 mm,随机误差为±0.042 mm。② 塑料齿轮模数测量的系统误差为(2.996－3)mm＝－0.004 mm,随机误差为±0.145 mm。

对比测量数据可知:塑料齿轮模数测量的系统误差较小,约为－0.004 mm,这一误差对于齿轮模数的区分没有实际意义,可以认为是零,即开始测量时零线对齐已经消除了系统误差。这是因为开始测量塑料齿轮时,采用零线对齐进行平行校准,使工作台在滑动时保持与米字线零位平行,这样按照米字线与齿廓相切调整工作台移动的前后位置读数即为公法线长度,因此最终求得的模数也正确地反映了实际模数。而－0.004 mm 的误差从另一个方面反映了零线对齐存在一定的示值误差,不过这个误差很小不会影响到测量结果。木质齿轮的系统误差相对较大,为 0.24 mm,这一误差的产生主要在于测量木质齿轮时,由于投影屏上米字刻线未对准零位,使得在移动工作滑台时,滑台位移与公法线并不处在同一水平线上,而是比公法线的长度略长。这样就导致在测量时会出现由于零位未对准而引起的系统误差,反观对比随机误差,塑料齿轮模数的随机误差较大,为±0.145 mm;木质齿轮模数的随机误差较小,为±0.042 mm。这一方面说明塑料齿轮齿廓由于毛刺和飞边引起的齿廓表面质量影响了读数的精确度,从而产生不可预见的随机误差;另一方面说明木质齿轮的齿廓质量要好于塑料齿轮,而且木质齿轮在加工时的变形小于塑料齿轮,所以木质齿轮测出的尺寸相对比较稳定,随机误差较小。

对于上述系统误差,可以通过零位对齐进行消除,随机误差通过不确定度 A 类评定的方法得到,最终按测量结果 $x=(\bar{x}\pm 3u)$ mm,$p=0.99$ 给出。

4.4.3 丝杠螺距累积误差测量

1. 丝杠螺距的基本知识

丝杠螺纹相当于梯形螺纹,因此丝杠螺距的测量方法与螺纹螺距的测量方法基本一致。

2. 测量原理及方法

(1) 取单个螺纹进行检测:随机抽取 5 个螺纹,测出单个螺距误差 ΔP。

(2) 螺距累积误差检测:依次取 5 个螺距为样本进行检测,抽取 5 次进行测量,测出每次测量的螺距累积误差 ΔP 和最大螺距累积偏差。

3. 测量结果示例

(1) 取单个螺纹进行检测,随机抽取 5 个螺纹,已知理论螺距 $P=4$ mm(见表 4.5)。

表 4.5 单个螺距误差检测表 单位:mm

测 量 号	1	2	3	4	5
实测值	4.020	3.975	4.010	3.990	4.010
单个螺距偏差 ΔP	0.020	－0.025	0.010	－0.010	0.010

(2) 螺距累积误差检测:取 5 个螺距为样本进行检测,随机抽取 5 次测量,已知理论螺距 $P=4$ mm(见表 4.6)。

表 4.6　螺距累积误差检测表　　　　　　　　　　　　单位:mm

样　本　号	1	2	3	4	5
实测值	19.980	19.960	20.020	19.985	19.995
螺距累积偏差 ΔP	−0.020	−0.040	0.020	−0.015	−0.005
最大螺距累积偏差	0.020−(−0.040)=0.060				

任务 5　影像测量仪测量

4.5.1　影像测量仪认知

1. 影像测量仪简介及结构组成

1）数显影像测量仪介绍

一般数显影像测量仪(见图 4.23)主要由显微镜系统、CCD 摄像系统和显示屏等组成。为了实现测量,还包括光栅数显测量系统(见图 4.24)或计算机图形测量软件等。

图 4.23　数显影像测量仪

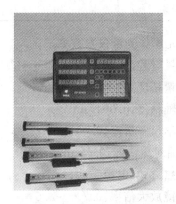

图 4.24　光栅数显测量系统

2）2.5 次元影像测量仪简介

2.5 次元影像测量仪(见图 4.25)是集光学、机械、电子、计算机技术于一体的新型高精度、高科技测量仪器,广泛应用于机械、电子、仪表、五金、塑料等行业。作为数显投影仪的升级换代产品,它克服了传统投影仪的不足,能高效地检测各种复杂工件的轮廓和表面形状尺寸、角度及位置,特别适用于精密零部件的微观检测与品质控制。

影像测量仪的主要硬件(CCD、光学尺)将捕捉到的影像和位移资料通过传输信号线传输到电脑,通过影像测量仪软件 WEIGOOD2.5D 在计算机屏幕上显示成像和读数,由操作人员操作软件对工件和零部件进行微观检测,对工件形状尺寸、角度、位置等进行快速测量。

影像测量仪控制系统具有空间几何运算、图形显示、尺

图 4.25　2.5 次元影像测量仪

寸标注、CAD 图形输出等功能,可在屏幕上产生图形,操作人员通过进行图形对照,能够直观地判断测量结果可能存在的偏差。它还可将测量信息直接输入 AUTOCAD 软件中,使之成为完整的工程图纸,并生成 DXF 文档,也可将测量信息直接输入 WORD、EXCEL 文件中,方便进行统计分析。

2. 工作原理

影像测量仪通过显微镜系统使被测物体进行放大成像,并经 CCD 摄像系统、模数转换装置将图像传输到计算机或显示屏上。利用图像处理软件或光栅测量系统,可实现位移和角度的测量。

3. 影像测量仪型号及参数

一般数显影像仪的参数参见表 4.7。

表 4.7 数显影像测量仪参数

名　　称	型　　号	规　　格
光栅尺	HXX-250	行程 $L_0 = 250$ mm
数显表	GCS-02	分辨率 5 μm
显微镜		放大 20～100 倍

2.5 次元影像测量仪参数如下。

(1) 测量行程 (x, y, z):400 mm×300 mm×250 mm;

(2) 测量精度:$(2+L/200)$ μm;

(3) 单轴精度:0.004 μm;

(4) 光学尺解析度:0.001 mm;

(5) z 轴对焦精度:0.01 μm;

(6) 对焦方式:电控手动;

(7) 物镜放大倍率:0.7×～4.5×;

(8) 放大倍率调整方式:自动;

(9) 显示位数:小数点后五位;

(10) 工作台承重:196 N。

4.5.2 齿轮齿距累积偏差测量

1. 齿轮齿距累积偏差的基本知识

齿距累积偏差 F_{pk} 是反映齿轮传动平稳性和准确性的重要指标,齿轮累积总偏差用符号 F_p 表示。齿距累积偏差的测量方法有绝对法和相对法两种。相对法是通过选取齿高中部及分度圆附近同一圆周上的某一个齿距作为基准齿距,其他齿距与基准齿距比较产生齿距相对误差,并通过相对误差累积和修正最终得到齿距累积偏差。绝对法是直接测量各轮齿的实际位置相对理论位置的正确性,它不需要专用仪器,只要圆分度机构和定位装置即可。齿距累积偏差测量方法按照测量介质是否接触又分为接触法测量和非接触法测量。在接触法测量中,常用测量仪器,如齿距仪、万能测齿仪、三坐标测量机等,一般测量模数 $m \geqslant 1$ mm 的齿轮。模

数 $m < 1$ mm 的齿轮或软质齿轮,则适合采取非接触法测量,在影像测量仪器(如万能工具显微镜、影像测量仪、数字影像仪等)上进行,这样可以减少小模数齿轮或软质齿轮在接触测量中由于机械测头压力而产生的轮齿变形,从而提高测量精度。

本次测量中,采用影像测量仪对塑料齿轮进行绝对法检测。为避免齿轮安装偏心产生的误差影响,需调整回转工作台中心与齿轮中心重合,用投影屏幕中的十字线中心交点与齿廓边缘相交,模拟共轭齿廓点的位置,代替测头与齿廓接触,通过角度转位法完成齿距累积偏差测量。

2. 测量原理及方法

在测量中,应用影像测量仪光学成像的原理,将齿轮影像通过显微镜和 CCD 摄像采集并通过数据传输把图像传送到显示屏上。调整齿轮中心与回转工作台中心重合,将影像测量仪的十字线中心移到近齿轮分度圆的位置,并与齿廓相交,以此作为起始齿,如图 4.26 所示,仪器调零。以单齿距或跨齿距对应的理想圆心角旋转工作台,使齿轮相对起始位置移过一个或几个齿距。如果十字线交点与齿廓边缘没有重合,说明存在齿距偏差,移动齿廓使边缘与十字线中心再次相交,此时移动距离的大小即为齿距偏差累积值,如图 4.27 所示。重复上述步骤,再按照分度圆心角旋转工作台,移动十字线中心与齿廓再次相交并读数,即可获得相对于起始齿的齿距累积偏差。将齿轮旋转一周,获得测量数据的极差值即为齿距累积偏差的测量值。

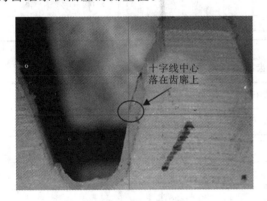

图 4.26 初始测量位置

图 4.27 跨齿距分度后的测量位置

3. 测量结果示例

1) 采用单齿测量法测量齿距累积偏差

以第 1 齿为起始齿,逐齿测量齿距累积偏差,并对实测值进行分度误差补偿,统计齿距累积偏差数据,如表 4.8 所示。第 41 到第 1 齿的齿距累积偏差为 8 μm,而回转工作台旋转一周产生的总的分度误差上限为 9 μm,由于 8 $\mu m < 9$ μm,测量误差在允许误差极限之内,满足测量要求,测量数据可以接受,最终测量的齿距累积偏差为 342 μm。

2) 采用跨齿补点法测量齿距累积偏差

已知塑料齿轮的齿数为 41,选取跨齿数 $s = 5$,第 8 组齿数为 40,第 9 组只有第 41 齿。对齿轮进行跨齿分组测量,对实测值进行分度误差补偿,统计齿距累积偏差数据如表 4.9 所示。第 41 到第 1 齿的齿距累积偏差为 9 μm,而回转工作台旋转一周产生的总的分度误差上限为 9 μm,因此测量误差在允许误差极限之内,满足测量要求,测量数据可以接受。

表 4.8 单齿法测量齿距累积偏差数据 单位:μm

齿序 i	实测值	分度补偿值	齿距偏差累积值 ΔF_{pi}	齿序 i	实测值	分度补偿值	齿距偏差累积值 ΔF_{pi}	齿序 i	实测值	分度补偿值	齿距偏差累积值 ΔF_{pi}	齿序 i	实测值	分度补偿值	齿距偏差累积值 ΔF_{pi}
1	15	3	18	11	−105	33	−72	21	−330	63	−267	31	−150	93	−57
2	40	6	46	12	−135	36	−99	22	−300	66	−234	32	−95	96	1
3	40	9	49	13	−190	39	−151	23	−300	69	−231	33	−70	99	29
4	50	12	62	14	−200	42	−158	24	−320	72	−248	34	−45	102	57
5	30	15	45	15	−210	45	−165	25	−220	75	−145	35	−30	105	75
6	−100	18	−82	16	−205	48	−157	26	−70	78	8	36	−40	108	68
7	−65	21	−44	17	−220	51	−169	27	−95	81	−14	37	−110	111	1
8	15	24	39	18	−215	54	−161	28	−115	84	−31	38	−115	114	−1
9	−25	27	2	19	−290	57	−233	29	−130	87	−43	39	−90	117	27
10	−15	30	15	20	−310	60	−250	30	−150	90	−60	40	−95	120	25
												41	−115	123	8

齿距累积偏差 $F_{pk} = \Delta F_{pimax} - \Delta F_{pimin} = 75 - (-267) = 342$

表 4.9 跨齿法测量齿距累积偏差数据 单位:μm

组号 i	全齿齿序 z	实测值	分度补偿值	齿距偏差累积值 ΔF_{pi}	圆整后数据
1	5	30	−2.4	27.6	28
2	10	15	−4.8	10.2	10
3	15	−115	−7.2	−122.2	−122
4	20	−210	−9.6	−219.6	−220
5	25	−80	−12	−92	−92
6	30	−30	−14.4	−44.4	−44
7	35	100	−16.8	83.2	83
8	40	65	−19.2	45.8	46
9	41	25	−16.2	8.8	9

　　根据表 4.9 判断,齿距偏差累积最大极限值在第 7 组,齿距偏差累积最小极限值出现在第 4 组,分别对第 4 组、第 5 组和第 7 组、第 8 组采用单齿测量法,得到单齿测量累积偏差值,并进行分度补偿后,最终可以得到组内补点后在全齿上齿距偏差累积值,如表 4.10 所示。

　　根据表 4.9 和表 4.10 的数据,求得跨齿补点法测量的齿距累积偏差 $F_{pk} = \Delta F_{pzmax} - \Delta F_{pzmin} = [106 - (-252)] \mu m = 358 \mu m$。

表 4.10   组内补点测量数据
单位:μm

组号 i	全齿序号 z	组内序号 n	实测值	$(i-1)$组分度补偿值	组内分度补偿值	全齿上齿距偏差累积值 ΔF_{pz}	圆整后数据
4	16	1	−110	−7.2	3	−114.2	−114
	17	2	−155	−7.2	6	−156.2	−156
	18	3	−160	−7.2	9	−158.2	−158
	19	4	−220	−7.2	12	−215.2	−215
	20	5	−210	−7.2	15	−202.2	−202
5	21	1	−260	−9.6	18	−251.6	−252
	22	2	−220	−9.6	21	−208.6	−209
	23	3	−215	−9.6	24	−200.6	−201
	24	4	−190	−9.6	27	−172.6	−173
	25	5	−110	−9.6	30	−89.6	−90
7	31	1	−10	−14.4	3	−21.4	−21
	32	2	35	−14.4	6	26.6	27
	33	3	50	−14.4	9	44.6	45
	34	4	85	−14.4	12	82.6	83
	35	5	100	−14.4	15	100.6	101
8	36	1	105	−16.8	18	106.2	106
	37	2	70	−16.8	21	74.2	74
	38	3	35	−16.8	24	42.2	42
	39	4	75	−16.8	27	85.2	85
	40	5	65	−16.8	30	78.2	78

4. 结果分析

对两种齿距累积偏差测量方法进行比较,如表 4.11 所示。通过上面综合分析可知,最小齿距累积偏差值发生在 21 齿,最大齿距累积偏差值发生在 35~36 齿。

表 4.11   两种齿距累积偏差测量方法比较

测量方法	测量次数	误差测量结果/μm	仪器测量误差/μm	最大齿距累积偏差发生齿	最小齿距累积偏差发生齿
单齿测量法	41	342	16	35 齿	21 齿
跨齿补点法	29	358	11	36 齿	21 齿

1) 齿轮精度公差

根据 GB/T10095.1—2008《圆柱齿轮   精度制   第 1 部分:轮齿同侧齿面偏差的定义和允许值》,已知 5 级精度齿轮齿距累积总偏差

$$F_p = 0.3m_n + 1.25\sqrt{d} + 7 \quad (d=50,125,280,\cdots;m_n=0.5,2,3.5,\cdots)$$

式中：m_n、d 指齿轮模数（或法向模数）和分度圆直径，分度圆直径取值为分段界限值的几何平均值，而不是实际值。相邻精度等级间的公比等于 $\sqrt{2}$。

5 级精度齿轮齿距累积总偏差为

$$F_p = (0.3\sqrt{2\times3.5} + 1.25\sqrt{\sqrt{50\times125}} + 7)\ \mu m = 79\ \mu m$$

9 级精度齿轮齿距累积总偏差为

$$(\sqrt{2})^{9-5}F_p = 316\ \mu m$$

10 级精度齿轮齿距累积总偏差为

$$(\sqrt{2})^{10-5}F_p = 447\ \mu m$$

11 级精度齿轮齿距累积总偏差为

$$(\sqrt{2})^{11-5}F_p = 632\ \mu m$$

2）测量误差

（1）安装偏心误差。

仪器测量时，齿轮安装中心与回转工作台的中心存在偏心距 e，可定为 $40\ \mu m$。由于齿轮的安装偏心引起的齿距累积偏差的测量误差

$$\delta_e = \frac{2e}{\cos\alpha} = \frac{2\times40}{\cos20°}\ \mu m = 85\ \mu m$$

（2）测量仪器误差。

根据仪器的鉴定规程，测量仪器的示值误差为 $\delta_B = \pm5u$，由于此示值误差是在多次测量中不断累积，与测量中分组的多少有关。测量仪器误差 $\delta = \pm\frac{1}{2}\sqrt{z}\cdot\delta_B$（其中 z 为被测齿轮齿数或分组数），通过计算可得出两种方法的测量仪器误差，$\delta_{\text{单}} = 16\ \mu m$，$\delta_{\text{跨补}} = 11\ \mu m$，如表 4.10 所示。

（3）瞄准对齐误差。

由于通过人眼，将十字线与齿廓边缘对齐，难免会存在视觉对齐产生的偏差，一般可定为 $\delta_{\text{对齐}} = \pm15\ \mu m$。

对上述误差，按 B 类不确定度进行评定。测量仪器误差和瞄准对齐误差在误差极限范围内服从均匀分布，标准不确定度 u 可按 $u = \frac{\delta}{\sqrt{3}}$ 计算；安装偏心误差在误差极限范围内服从反正弦分布，标准不确定度按 $u = \frac{\delta}{\sqrt{2}}$ 计算。将标准不确定度进行合成，并计算扩展不确定度，大多数情况下取包含因子 $k_{95} = 2$，置信率 $p = 0.95$，则有如下计算。

单齿测量齿距累积偏差的扩展不确定度：

$$U_{F_{pk}} = k_{95}\cdot u = 2\times\sqrt{\left(\frac{\delta_e}{\sqrt{2}}\right)^2 + \left(\frac{\delta_{\text{单}}}{\sqrt{3}}\right)^2 + \left(\frac{\delta_{\text{对齐}}}{\sqrt{3}}\right)^2} = 123\ \mu m\ (k_{95}=2, p=0.95)$$

跨齿距测量齿距累积偏差的扩展不确定度：

$$U_{F_{pk}} = k_{95}\cdot u = 2\times\sqrt{\left(\frac{\delta_e}{\sqrt{2}}\right)^2 + \left(\frac{\delta_{\text{跨补}}}{\sqrt{3}}\right)^2 + \left(\frac{\delta_{\text{对齐}}}{\sqrt{3}}\right)^2} = 122\ \mu m\ (k_{95}=2, p=0.95)$$

根据上面的计算结果，按照齿轮 10 级精度来看，不确定度 $U_{F_{pk}} \leqslant \frac{F_p}{2}$，符合测量精度的要求。

3）齿距偏差精度分析

应用单齿法测量齿距累积偏差 $F_{pk}=342\pm U_{F_{pk}}=(342\pm123)\ \mu m(k_{95}=2,p=0.95)$，最大极限值为 $465\ \mu m$，因 $447\ \mu m<465\ \mu m<632\ \mu m$，经评定，齿轮误差精度等级属于 11 级。

应用跨齿距补点测量法测得齿距累积偏差 $F_{pk}=358\pm U_{F_{pk}}=(358+122)\ \mu m(k_{95}=2,p=0.95)$，最大极限值为 $480\ \mu m$，因 $447\ \mu m<480\ \mu m<632\ \mu m$，经评定，齿轮误差精度等级属于 11 级。

4.5.3　齿轮齿廓偏差测量

1. 齿轮齿廓偏差介绍

齿轮齿廓偏差是在端截面上，齿形工作部分内（齿顶倒棱部分除外）包容实际齿形且距离为最小的两条设计齿形间的法向距离。对于渐开线齿轮齿廓偏差，是指渐开线展开线的长度在齿廓法线方向上实际齿廓相对于理论齿廓的变化量，通常齿廓总偏差用 F_α 表示。

齿廓偏差测量方法有展成法、坐标法、投影法和啮合法。展成法测量是通过对齿廓实际展开线长度与理论渐开线展开长度进行比较，从而得到齿廓偏差。

2. 测量原理及方法

下面利用影像测量仪对塑料齿轮齿廓偏差进行影像法测量，其原理是由展成法演变而来的。

应用影像法测量齿廓偏差时，需在影像测量仪上加装回转工作台，调整齿轮位置，使齿轮中心和回转工作台中心重合。影像测量仪屏幕中观察的十字线要与滑台滑动方向一致。测量时，移动 x 轴向滑台，将屏幕中十字线的竖线与齿轮的一边齿廓相切，如图 4.28 所示，确定为起始点移距 ρ_{0-1}。根据标准 GB/Z 18620.1—2008《圆柱齿轮　检验实施规范　第 1 部分：轮齿同侧齿面的检验》的规定，通常测量应在邻近齿高的中部和（或）齿宽的中部进行，所以测量起始相切点要离开齿根圆 $0.6\sim1$ 倍的齿轮模数，以使相切点在渐开线齿廓上，而不是相切在非渐开线的齿根位置。转动工作台，使齿轮转动一个角度增量 φ_x，移动 x 轴向滑台与齿廓一边再次相切，则影像测量仪中显示的位置与初始位置之差即为实际渐开线的长度增量，该数值与理论渐开线长度增量的差值即为测量位置的齿廓偏差。依次转动工作台，应用上述同样方法

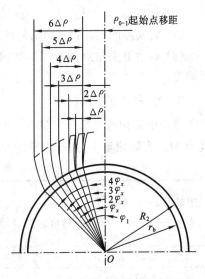

图 4.28　齿廓偏差影像法测量原理

对齿廓多个位置进行测量，取测量误差的最大值和最小值之差即为齿轮齿廓偏差的测量值。对单个齿廓测量，需对左右齿廓分别进行测量，取极差的最大值。

用影像法测量齿廓形状偏差的步骤如下：

（1）将被测齿轮置于回转工作台上，调整齿轮中心与回转工作台旋转中心重合，如图 4.29 所示。

（2）移动 x 轴向滑台，使十字线垂直刻线通过齿轮中心。然后再移动 x 轴向滑台，使十字线垂直刻线与齿轮轮廓相切，如图 4.30 所示，相切点距离齿根位置大约为 2.5 mm，记下读数 y_0，作为测量的起始点。

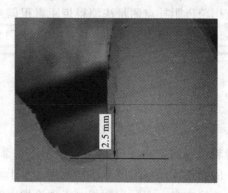

图 4.29　齿轮中心与回转工作台中心重合　　　　图 4.30　十字线垂直刻线与齿廓相切

（3）按预先选定的间隔,确定齿轮旋转的角度 φ（一般间隔 1°）。

（4）计算理论展开弧长的增量 $y = \dfrac{2\pi r_{b}}{360} \varphi$（当压力角 $\alpha = 20°$ 时,$y = 0.008\ 2mz\varphi$）。

（5）依次转动工作台,每转动 1°,就移动 x 轴向滑台,使十字线垂直刻线与齿廓相切,记下每次读数 y'。

（6）计算每次测量点的 $y' - y_0$ 值即可求出实际的展开弧长增量。

（7）将实际的展开弧长增量与理论的展开弧长增量求差,即可求出每次测量点的齿廓偏差。

（8）取所有测量点的齿廓形状偏差的最大值减去最小值,即可最终求出渐开线齿轮的齿廓偏差。

3. 测量结果示例

测量中采用数显影像测量仪,测量附件选用回转工作台,被测塑料齿轮模数为 3 mm,齿数为 41。实际测量中,选择齿轮的左、右齿面进行测量,具体测量数据如表 4.12 所示。

表 4.12　齿廓偏差测量数据　　　　　　　　单位:mm

测量点 n	起始点测量值 y_0		齿轮转角 φ	理论展开弧长增量 y_i	实测测量点值 y_i'		实际展开弧长增量 $y_i' - y_0$		测量点 n 的齿廓偏差 $\Delta y_i = y_i' - y_0 - y_i$	
	左齿面	右齿面			左齿面	右齿面	左齿面	右齿面	左齿面	右齿面
1	12.885	19.015	1°	1.008 6	13.955	20.015	1.07	1	0.061 4	−0.008 6
2	12.885	19.015	2°	2.017 2	14.985	21.055	2.1	2.04	0.082 8	0.022 8
3	12.885	19.015	3°	3.025 8	16.01	22.09	3.125	3.075	0.099 2	0.049 2
4	12.885	19.015	4°	4.034 4	17.02	23.045	4.135	4.03	0.100 6	−0.004 4
5	12.885	19.015	5°	5.043 0	18.07	24.045	5.185	5.03	0.142	−0.013
6	12.885	19.015	6°	6.051 6	19.01	25.085	6.125	6.07	0.073 4	0.018 4
7	12.885	19.015	7°	7.060 2	20.015	26.155	7.13	7.14	0.069 8	0.079 8

左齿廓形状偏差 $F_{a1} = \max(\Delta y_1, \Delta y_2, \cdots, \Delta y_7) - \min(\Delta y_1, \Delta y_2, \cdots, \Delta y_7) = 0.080\ 6$ mm $= 81\ \mu m$

右齿廓形状偏差 $F_{a2} = \max(\Delta y_1, \Delta y_2, \cdots, \Delta y_7) - \min(\Delta y_1, \Delta y_2, \cdots, \Delta y_7) = 0.092\ 8$ mm $= 93\ \mu m$

4. 结果分析

影像法测量齿廓形状偏差主要有四种误差:回转分度误差、回转偏心误差、瞄准示值误差和重复性测量误差。影像法测量中存在的齿轮与回转工作台的偏心误差、回转工作台的分度误差、瞄准示值误差,以及重复性测量误差,导致齿轮齿廓形状偏差的测量结果应在一个区间范围内。可通过 A 类和 B 类评定不确定度的方法确定测量结果的区间,也可以通过极差控制图对极差上下限进行界定,从而最终确定齿廓形状偏差的测量结果。

1) 误差分析

(1) 回转工作台的分度误差。假定回转工作台的分度误差为 e_1,则

$$e_1 = r_b \Delta \varphi_x$$

式中:$\Delta \varphi_x$ 为回转工作台的制造误差,此处取 $\pm 30''$($\pm 0.000\ 145$ rad);r_b 为被测齿轮基圆半径。

已知 $r_b = \dfrac{mz}{2} \cos \alpha = (3 \times 41 \times \cos 20°/2)$ mm $= 57.791\ 1$ mm,$e_1 = 0.008\ 4$ mm,根据测量仪分度盘产生分度误差服从均匀分布的原则,假定分度误差引起的标准不确定度为 u_1,则

$$u_1 = \frac{e_1}{\sqrt{3}} = \frac{8.4}{\sqrt{3}}\ \mu m = 4.8\ \mu m$$

(2) 齿轮与回转工作台偏心误差。

在调整齿轮中心和影像测量仪的回转工作台中心重合时,会存在圆心重合度误差,即偏心误差,根据实际调整状况,此处取 $40\ \mu m$。齿轮与回转工作台中心不重合最终影响到齿廓产生的偏心误差 $e_2 = 40 \tan \alpha = 15\ \mu m$。根据圆形度盘偏心引起的误差服从反正弦分布的原则,假定齿轮与回转工作台偏心误差 e_2 引起的标准不确定度为 u_2,则

$$u_2 = \frac{e_2}{\sqrt{2}} = \frac{15}{\sqrt{2}}\ \mu m = 10.6\ \mu m$$

(3) 瞄准示值误差。本次测量选用的影像测量仪的分辨率为 $\pm 5\ \mu m$,因此测量时瞄准对齐引起的示值误差 $e_3 = \pm 5\ \mu m$。由于数字式仪器在分度值内的示值误差服从均匀分布的原则,假定由于仪器读数误差引起的标准不确定度为 u_3,则

$$u_3 = \frac{e_3}{\sqrt{3}} = \frac{5}{\sqrt{3}}\ \mu m = 2.9\ \mu m$$

(4) 测量重复性误差。由于齿廓偏差测量误差反映的是单次测量的波动性,对于齿廓偏差的重复性测量误差是通过单次测量值的标准偏差 $S(x)$ 来衡量的,分别对单个齿左右齿廓测量,得到两组数据。根据公式 $S(x) = \sqrt{\dfrac{\sum\limits_{i=1}^{n}(x_i - \bar{x})^2}{n-1}}$,对两组数据分别求出标准偏差 $S_1 = 27$ μm,$S_2 = 34\ \mu m$(其中,n 为每个齿廓上重复测量次数),则合成标准偏差

$$S_p = (S_1 + S_2)/2 = \frac{27+34}{2}\ \mu m = 30.5\ \mu m$$

假定测量重复性误差 e_4 产生的标准不确定度为 u_4,则

$$u_4 = S_p = 30.5\ \mu m$$

① 合成标准不确定度 u 为

$$u = \sqrt{u_1^2 + u_2^2 + u_3^2 + u_4^2} = \sqrt{4.8^2 + 10.6^2 + 2.9^2 + 30.5^2}\ \mu m \approx 33\ \mu m$$

② 由于测量过程具有随机性,为表达测量结果,大多数情况下取包含因子 $k_{95}=2$,扩展不确定度 $U_{95}=\pm k_{95} \cdot u=\pm 2u=\pm 66\ \mu m$,置信率 $p=0.95$。

单齿齿廓偏差测量结果

$$F_{\alpha}=\left(\frac{81+93}{2}\pm 66\right)\ \mu m=(87\pm 66)\ \mu m \quad (k_{95}=2,p=0.95)$$

2)应用极差统计控制

齿廓偏差的误差反映的是最大值和最小值之差,并且测量过程是在左右齿廓上进行的,获得两组数据,如表 4.13 所示,这两组数据可以看做总体中抽取的两个样本。而齿廓偏差实际上是样本的极差,应用统计过程控制方法,对两组数据的极差分析如下。

表 4.13　样本极差统计数据　　　　　　　　　单位:mm

样本号	测 量 值							极差 R
	x_1	x_2	x_3	x_4	x_5	x_6	x_7	
1	0.061 4	0.082 8	0.099 2	0.100 6	0.142	0.073 4	0.069 8	0.080 6
2	−0.008 6	0.022 8	0.049 2	−0.004 4	−0.013	0.018 4	0.079 8	0.092 8
合计								$\bar{R}=0.086\ 7$

应用极差 R 控制图的统计特性可得:

中心值　　　　　　$CL=\bar{R}=0.086\ 7\ mm=86.7\ \mu m$

上限　　　　　　$U_{CL}=D_4\bar{R}=1.924\times 86.7\ \mu m\approx 167\ \mu m$

下限　　　　　　$L_{CL}=D_3\bar{R}=0.076\times 86.7\ \mu m\approx 7\ \mu m$

3)检验单齿齿廓测量的抽样特性

在进行单齿齿廓测量时,由于单个齿廓是从多个齿廓中随机选择的,因此具有随机抽样特性。于是可以通过对单个齿廓的测量来判定整个齿轮齿廓的质量。假定从总体样本 N 中选取 n 个样本,对于一次抽样设定检验方案为 $[N,n,A_c]$(其中 A_c 为样本中允许的不合格数)。已知在随机抽取的样本中,只有不合格品数 $d\leqslant A_c$ 时,才能判定该批产品被接受。若以 $p(d)$ 表示样本 n 中恰好有 d 件不合格品的概率,则接受概率 $L(p)$ 的一般公式为

$$L(p)=\sum_{d=0}^{A_c}p(d)$$

$p(d)$ 的计算可以用泊松分布计算公式做近似计算

$$p(X=d)=\frac{(np)^d}{d!}e^{-np}$$

其中 p 为总体样本 N 允许的不合格率。

本次测量的齿轮齿数为 41,假定齿轮齿廓的不合格率为 0.1,选用单个齿廓对齿轮齿廓精度进行判定,抽样检验的方案为 $[41,1,0]$。该方案是对 41 个齿轮齿廓选取样本 1,即单个齿廓进行抽样检验,不合格齿廓数为 0。该抽样方案可接受的概率为

$$L(p)=\sum_{d=0}^{A_c}p(d)=p(0)=\frac{(1\times 0.1)^0}{0!}e^{-1\times 0.1}=90\%$$

4)齿廓精度等级判定

根据 GB/T10095.1—2008《圆柱齿轮　精度制　第 1 部分:轮齿同侧齿面偏差的定义和允许值》,已知 5 级精度齿轮齿廓总偏差

$$F_\alpha = 3.2\sqrt{m_n} + 0.22\sqrt{d} + 0.7 \quad (d=50,125,280,\cdots; m_n=0.5,2,3.5,\cdots)$$

式中，m_n、d 指模数（或法向模数）和分度圆直径，其取值为分段界限值的几何平均值，而不是实际值。相邻精度等级间的公比等于 $\sqrt{2}$。经计算，被测齿轮分度圆直径 $d=mz=123$ mm，则

5 级精度齿轮齿廓总偏差

$$F_\alpha = (3.2 \times \sqrt{\sqrt{2 \times 3.5}} + 0.22 \times \sqrt{\sqrt{50 \times 125}} + 0.7)\ \mu m \approx 8\ \mu m$$

13 级精度齿轮齿廓总偏差为

$$\sqrt{2}^{(13-5)} F_\alpha \approx 128\ \mu m$$

14 级精度齿轮齿廓总偏差为

$$\sqrt{2}^{(14-5)} F_\alpha \approx 178\ \mu m$$

根据前面应用 A 类和 B 类不确定度综合评定可知，单齿齿廓偏差测量结果为 $F_\alpha = (87 \pm 66)\ \mu m$，$k_{95}=2$，$p=0.95$，齿廓形状偏差的最大值为 153 μm。由于 128 $\mu m <$ 153 $\mu m <$ 178 μm，该齿轮齿廓的精度等级为 14 级。另外应用极差 R 控制图的控制上限为 167 μm，比 A 类和 B 类综合评定的齿廓误差上限 153 μm 略大，但对齿轮齿廓偏差精度等级判定结果一样，都是 14 级。根据抽样检验特性，单齿廓抽样检验整体齿轮齿廓精度等级的可接受率为 90%。

然而值得注意的是，被测齿轮精度等级已经超出了 GB/T 10095.1—2008 规定的齿轮精度的 13 个等级（其中 0 级精度最高，12 级精度最低）。由于塑料齿轮的自身的弹性模量小，齿形、齿向误差对轮系的啮合噪音的敏感度低，一般塑料齿轮低于金属齿轮 1~2 个等级，因此该被测塑料齿轮齿廓精度相当于金属齿轮的 12 级。

另外在机械加工中，数控滚齿机的加工精度为 ±6 μm，对齿廓偏差的影响很小，可忽略不计。而实际齿廓偏差较大的原因是塑料齿轮在机械加工过程中，受到机械力和温度的影响，在齿廓上产生机械应力和热应力，进而导致齿廓产生应变，最终使齿廓出现非圆弧和飞边现象，影响了齿廓精度。齿廓偏差过大，将影响传动平稳性、齿高方面载荷分布均匀等。

因此被测机械加工塑料齿轮并不能用做工业齿轮，只能作为模型展示。而实际应用中，塑料齿轮多通过注塑方法得到，这样可适当提高齿轮精度等级，满足低级齿轮传动需要。

4.5.4　车刀角度影像法测量

1. 车刀角度介绍

（1）在正交平面测量的角度：前角 γ_o，是前面和基面在正交平面 p_o 测量的角度；后角 α_o，是切削平面和后面在正交平面 p_o 测量的角度；副前角 γ'_o，是前面和基面在正交平面 p'_o 测量的角度；副后角 α'_o，是副后面和副切削平面在正交平面 p'_o 测量的角度。以上角度的标注如图 4.31 所示。

（2）在法平面 p_n 测量的角度：法前角 γ_n，是前面和基面在法平面 p_n 上测量的角度；法后角 α_n，是切削平面和后面在法平面 p_n 上测量的角度。对于前角为 0° 的刀具，前角 γ_o 等于法前角 γ_n，都为零；后角 α_o 等于法后角 α_n。以上角度的标注如图 4.32 所示。

（3）在假定进给平面 p_f 测量的角度：侧前角 γ_f，是前面和基面在进给平面 p_f 上测量的角度；侧后角 α_f，是后面和切削平面在进给平面 p_f 上测量的角度。以上角度的标注如图 4.33 所示。

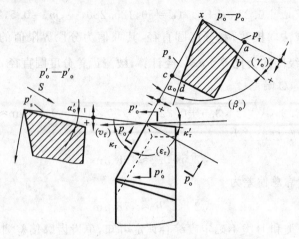

图 4.31 正交平面刀具角度的截面图解

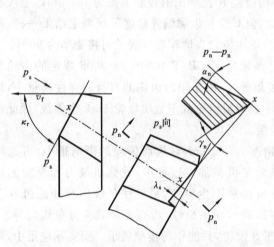

图 4.32 法平面刀具角度的截面图解

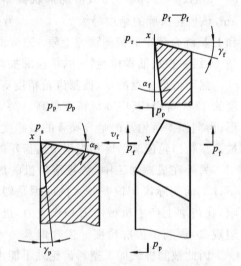

图 4.33 假定进给平面和背平面
刀具角度的截面图解

(4) 在背平面 p_p 测量的角度：背前角 γ_p，是前面和基面在背平面 p_p 上测量的角度；背后角 α_p，是后面和切削平面在背平面 p_p 上测量的角度。以上角度的标注如图 4.33 所示。

2. 测量原理及方法

根据车刀角度的定义可知，车刀角度是在截面上测得的，而采用影像测量仪测量则是利用投影原理，通过合理调整车刀的位置进行测量。在测量中通常采用磁性表座、垫块、刀口角尺等工具使被测车刀的角度所在截面与投影面重合，同时调整镜头焦距，使投影的影像最清晰，即以显示屏上的十字线代替刀具参考平面的投影线，通过测量投影影像与十字线之间的角度，就可测量实际车刀的几何角度。

影像法测量刀具角度的核心原则就是使测量平面和刀具投影平面在同一平面上。

3. 测量示例

1) 在正交平面 p_o 或法平面 p_n 上测量

测量时调节正交平面 p_o，即法平面 p_n 和投影平面重合。调整方法如下：将一把 $90°$ 角尺水平放置,靠在用压板固定的垫块上。刀具通过垫块作用,使刀头靠在角尺的内角,刀具前面与 90°角尺的一条直角边对齐。另一把角尺竖直放置,检查并调整刀具主切削刃垂直于水平面,如图 4.34 所示。这样水平面即为法平面,过切削刃的平面即为垂直于水平面的切削平面。刀具与角尺形成的夹角即为刀具后角(或法后角)。利用影像法,调节米字线与刀尖投影线相切,分别测出角度如下:刀具前角 $\gamma_o = 0°$,刀具法前角 $\gamma_n = 0°$,刀具后角 $\alpha_o = 11°24'$,刀具法后角 $\alpha_n = 11°24'$。

　　2) 在正交平面 p_o' 或法平面 p_n' 上测量

设计刀具的装夹位置,使刀具的正交平面 p_o' 即法平面 p_n' 在显微镜的投影平面上。调整方法如下:将刀具放置在两垫块之间,通过角度尺调整基面与水平面垂直,如图 4.35 所示。同时使基面投影线与显微镜里的米字线的零位线重合。另一角度尺检查并调整副切削刃与水平面垂直,这样副切削平面的投影线(米字线中的竖直线)与后刀面的投影线的夹角即为刀具的副后角,如图 4.35 所示。利用影像法原理,分别测出角度如下:刀具副前角 $\gamma_o' = 0°$,刀具副后角 $\alpha_o' = 3°37'$。

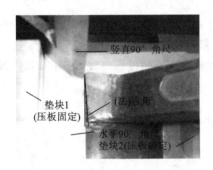

图 4.34　刀具后角(法后角)的测量

图 4.35　副后角的测量

　　3) 在背平面 p_p 上测量

设计刀具的装夹位置,使刀具的在显微镜里观察的投影平面在背平面 p_p 上。调整方法如下:将刀具水平放置在水平面上,如图 4.36 所示。这时刀具在显微镜视场投影如图 4.37 所示,1端低于 2 端,将 1 处影像调至最清晰,此时 2 处影像会稍有重影出现,这是由于刀具边缘的投影干涉所致,如图中的阴影所示。因为在同一投影面上,影像是最清晰的,所以测量背后角时要以最清晰的线为基准。这样最清晰线和竖直米字线的夹角即为背后角。利用影像法原理,分别测出角度如下:背前角 $\gamma_p = 0°$,背后角 $\alpha_p = 10°06'$。

图 4.36　背后角实测图

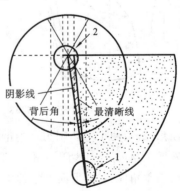

图 4.37　背后角显微镜视场图解

根据实验数据,测量两次,填入表4.14中。

表4.14 刀具角度测量数据表

测量次数	刀具角度测量值/(°)										
	前角 γ_o	后角 α_o	法前角 γ_n	法后角 α_n	副前角 γ_o'	副后角 α_o'	侧前角 γ_f	侧后角 α_f	背前角 γ_p	背后角 α_p	刃倾角 λ_s
1											
2											
平均											

4. 结果分析

(1)由于刀具的角度是通过截面投影的方法得到的,因此通过工具显微镜的投影法测量满足测量要求。在测量时,通过合理的装夹定位,使刀具角度的测量平面在显微镜的投影平面上。

(2)由于刀具的前角、后角和刀尖截面角正好为90°,所以依靠90°角尺和米字线中的十字线可以方便地通过显微镜的角度测量读出刀具前角和后角。

(3)在测量侧后角和背后角时,需寻找刀具后面上最清晰的投影母线,避开刀具边缘的重影干扰。

4.5.5 麻花钻几何参数影像法测量

1. 麻花钻几何参数介绍

如图4.38所示,钻头主要有如下几个角度:

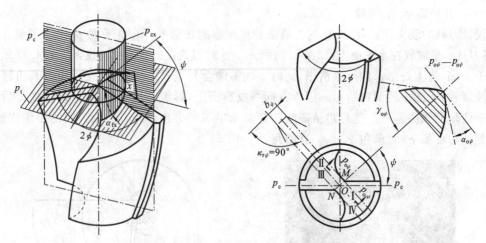

图4.38 麻花钻的几何角度图解

(1)顶角(2ϕ):两个主切削刃在中剖面投影中的夹角。

(2)外缘后角(α_f):主切削刃靠刃带转角处在柱剖面中表示的后角。

(3)横刃斜角(ψ):端平面测量的中剖面与横刃的锐夹角。

(4)横刃前角($\gamma_{o\psi}$):在垂直于横刃基面和切削平面的正交平面中观察到剖面产生的前角。

(5)横刃后角($\alpha_{o\psi}$):在垂直于横刃基面和切削平面的正交平面中观察到剖面产生的后角。

(6) 螺旋角(β):钻头刃带棱边螺旋线展开成直线后与钻头轴线的夹角。

2. 测量原理及方法

根据麻花钻几何角度的定义可知,麻花钻角度是在截面上测得的,而采用影像测量仪测量时利用了投影原理。在测量中,首先调整麻花钻的合理位置,即采用磁性表座、垫块、刀口角尺等工具,使被测麻花钻的角度所在截面与投影面重合,同时调整镜头焦距,使投影的影像最清晰,以显示屏上的十字线代替刀具参考平面的投影线,通过测量投影影像与十字线之间的角度,即可测量实际麻花钻的几何角度。

3. 测量示例

本次测量数据记入表 4.15 中。

表 4.15　麻花钻几何角度测量数据表

测量仪器	麻花钻几何参数测量							
	顶角 $2\phi/(°)$	外缘后角 $\alpha_f/(°)$	横刃斜角 $\psi/(°)$	横刃前角 $\gamma_{o\psi}/(°)$	横刃后角 $\alpha_{o\psi}/(°)$	螺旋角 $\beta/(°)$	横刃长度 b_ψ/mm	钻刃的长度 L/mm
投影仪测量								
万能工具显微镜测量								

项目5 激 光 测 量

任务1 激光测量认知

激光技术是近代科学技术发展的重要成果之一,目前已被成功地应用于精密计量、军事、宇航、医学、生物、气象等领域。

激光与普通光源发出的光相比,它既具有一般光的特征,如反射、折射、干涉、衍射、偏振等,又具有高方向性、高亮度、高单色性、高相干性等特性。激光是由受激辐射产生的,各发光中心是相互关联的,能在较长的时间内形成稳定的相位差,振幅也是恒定的,所以具有良好的相干性。

由发射激光的激光器、光学零件和光电器件所构成的激光测量装置能将被测量(如长度、流量、速度等)转换成电信号,因此广义上也可将激光测量装置称为激光传感器。激光传感器实际上是以激光为光源的光电式传感器。常用的激光传感器有如下几种。

1. 激光干涉传感器

这类传感器应用激光的高相干性进行测量。通常是将激光器发出的激光分为两束,一束作为参考光,另一束射向被测对象,然后再使两束光重合(就频率而言,是使两者混合),重合(或混合)后输出的干涉条纹(或差频)信号,即反映了检测过程中的相位(或频率)变化,据此可判断被测量的大小。

激光干涉传感器既可应用于精密长度计量和工件尺寸、坐标尺寸的精密测量,还可用于精密定位,如精密机械加工中的控制和校正、感应同步器的刻划、集成电路制作等定位。

2. 激光衍射传感器

光束通过被测物产生衍射现象时,其后面的屏幕上会形成光强有规则分布的光斑。这些光斑条纹称为衍射图样。衍射图样与衍射物(障碍物或孔)的尺寸以及光学系统的参数有关,因此根据衍射图样及其变化就可确定衍射物(被测物)的尺寸。激光因其良好的单色性,而在小孔、细丝、狭缝等小尺寸的衍射测量中得到了广泛的应用。

3. 激光扫描传感器

激光束以恒定的速度扫描被测物体(如圆棒等),由于激光方向性好、亮度高,因此光束在物体边缘形成强对比度的光强分布,经光电器件转换成脉冲电信号,脉冲宽度与被测物尺寸(如圆棒直径等)成正比,从而实现了物体尺寸的非接触测量。激光扫描传感器适用于柔软的不允许在表面上施加测量力的物体、不允许测头接触的高温物体以及不允许表面划伤的物体等的测量。由于扫描速度可达 95 m/s,允许测量快速运动或振幅不大、频率不高、振动着的物体的尺寸,因此适合加工中(在线)非接触式的主动测量。

激光除了在长度等测量中的一些应用外,还可测量物体或微粒的运动速度、流速、振动、转速、加速度、流量等,并有较高的测量精度。

任务 2　激光测径仪测量

5.2.1　激光测径仪认知

1. 激光测径仪简介及结构组成

高质量的测量是测量仪表、测量方法及测试人员有机配合的整体。与传统的接触式外形几何尺寸测量仪表相比,激光测径仪采用了激光非接触测量原理,对原始测量数据自动采集、处理,数字显示等技术,降低了由于测量方法及测量人员造成的误差,从而提高了整个测量的精度。在某些工业应用场合中,如在产品出厂的检验中,单位时间内需完成大量的测量。此时,在兼顾测量精度的同时,对测量速度也提出了更高的要求。BETA 激光测径仪提供了高速 DSP 核心处理单元,具有友好界面的显示控制软件及多种接口用于数据处理及通信,将使用者从繁重的测量中解放出来。

总之,它不仅是测量中心,还是测量数据处理中心,也是测量数据交换中心,其强大功能保证了应用的广泛性,同时也使测量更加简单。特别需要指出的是对于一些柔软、易碎、辐射、高精度要求等传统接触式测量无法胜任的被测量任务,它可提供满意的测量。

2. 激光测径仪的工作原理

配合测量夹具,激光测径仪可对下列被测量进行直接测量,自动完成测量数据的采集、处理、通信功能(见图 5.1):

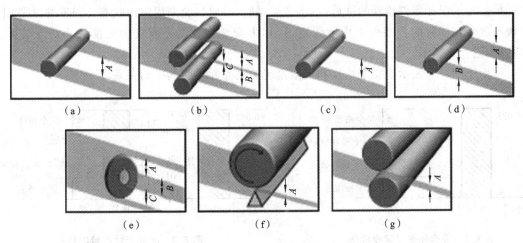

图 5.1　激光测径仪测量功能示意图

(1) 单一直径测量 (A);

(2) 多种直径测量($A,B,A+B+C$);

(3) 椭圆度($\Delta A = A_{\max} - A_{\min}$);

(4) 位置$\left(\dfrac{A-B}{2}\right)$;

(5) 垫圈,O 形环($A+B+C,B$);

(6) 径向跳动($A_{2\max} - A_{2\min}$);

(7) 滚筒间隙(A)。

另外,用户还可基于这些测量功能设计更多的测量方案。图 5.1 所示为激光测径仪测量功能示意图。激光测径仪主要用于各种电线电缆、光纤光缆、塑料型材、玻璃管材、金属加工和精密机械制造等在线或离线工业无损检测及全自动控制领域。

3. 激光测径仪型号及参数

常用的激光测径仪型号有 BenchMike283-20,其具体参数如下。

(1) 测量范围:0.254~50 mm;

(2) 复现性误差:0.5 μm;

(3) 线性误差:±1.5 μm;

(4) 测试区间范围:±1.5×50 mm;

(5) 扫描光尺寸:250 μm;

(6) 扫描光速率:100 m/s;

(7) 显示:液晶显示 320×240,256 色;

(8) 显示分辨率:1/10~1/1 000 000 可辨。

5.2.2 塞规直径测量

1. 塞规介绍

塞规是用来检验孔尺寸的高精密量具,可分为通规和止规。由于通规在使用中会产生磨损,因此生产中需要对通规的尺寸进行测量校对。

例 5-1 用塞规检验孔 $\phi 25H8$,试说明验收极限和该塞规的工作尺寸。

解 为了保证零件检验的准确性,不产生误收,一般检验采用向内收缩公差带的原则,上、下验收极限在原有的公差带上内敛距离 A,称为安全裕度。一般安全裕度大小等于公差的 1/10,如图 5.2 所示。

下面用图 5.3 表示出安全裕度和极限量规的尺寸并说明其中的关系。

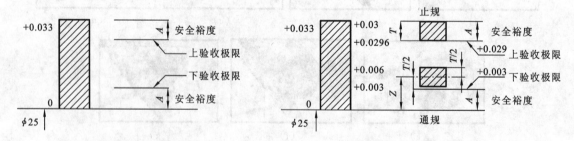

图 5.2 安全裕度与验收极限　　　图 5.3 塞规尺寸与验收极限

工件尺寸公差、量规公差 T 和位置参数 Z 值如表 5.1 所示。

表 5.1 公差参数表　　　　　单位:μm

工件基本尺寸/mm	IT7			IT8		
	IT	T	Z	IT	T	Z
>10~18	18	2	2.8	27	2.8	4
>18~30	21	2.4	3.4	33	3.4	5

$$上验收极限 = D_{max} - A = (25 + 0.033 - 0.003\ 3)\ mm = 25.029\ 7\ mm$$
$$下验收极限 = D_{min} + A = (25 + 0.003\ 3)\ mm = 25.003\ 3\ mm$$
$$通规尺寸 = \phi 25 + 0.005 \pm 0.001\ 7\ mm = \phi 25^{+0.006\ 7}_{+0.003\ 3}$$
$$止规尺寸 = \phi 25^{+0.033}_{+0.033 - 0.003\ 4} = \phi 25^{+0.033}_{+0.029\ 6}$$

通过比较发现,通规的下极限尺寸等于扣除安全裕度的下验收极限,止规的下极限尺寸等于扣除安全裕度的上验收极限,孔用量规的工作尺寸遵循了孔检验的安全裕度的原则。

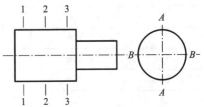

2. 测量原理及方法

对于塞规分别选取三个截面 1—1、2—2、3—3(见图5.4)进行直径测量,然后旋转 90°,再重复测量。根据测量直径数值与基本尺寸的偏差,与公差带的上、下偏差进行比较,以判断塞规的尺寸是否合格。

图 5.4　塞规测量原理图

3. 测量结果示例

本次测量结果记入表 5.2 中。

表 5.2　测量结果

仪器	名　　称	测量范围/mm	示值范围/mm		分度值/mm	
	激光测径仪	0~50	0~50		0.000 1	
量块	精度等级	组合尺寸/mm	量块尺寸/mm			
被测件	名称	基本尺寸/mm	量规公差/μm	上偏差/μm	下偏差/μm	磨损极限/μm
	塞规	13	2.8	5.4	2.6	4
测量数据记录/μm		1—1	2—2	3—3	被测塞规实际尺寸偏差/μm	
	A—A				最大偏差	最小偏差
	B—B			测量结果		
结论			理由			

5.2.3　安全裕度与计量器具的选择

1. 安全裕度

采用内缩方式确定验收极限时,安全裕度(A)的数值按工件公差 T 的 1/10 确定。

2. 计量器具的选择

1) 不确定度的选择

选择计量器具时,应保证选择的计量器具不确定度如表 5.3、表 5.4 和表 5.5 所示,不大于实际测量时计量器具不确定度的允许值 u_1。按计量器具不确定度允许值 u_1 占工件公差的百分数分挡:对于 IT6~IT11,分为 Ⅰ、Ⅱ、Ⅲ 三挡(Ⅰ、Ⅱ、Ⅲ 分别为工件公差的 9%、15%、22.5%);对于 IT12~IT18,分为 Ⅰ、Ⅱ 两挡。

表 5.3 千分尺和游标卡尺的测量不确定度

(摘自 GB/T 1216—2004、GB/T 8177—2004、GB/T 21389—2008) 单位:mm

尺 寸 范 围		计量器具类型			
大于	至	分度值 0.01 外径千分尺	分度值 0.01 内径千分尺	分度值 0.02 游标卡尺	分度值 0.05 游标卡尺
—	50	0.004	0.004	0.020	0.050
50	100	0.005	0.005	0.020	0.050
100	150	0.006	0.006	0.030	0.050
150	200	0.007	0.007	0.030	0.050
200	250	0.008	0.008	0.040	0.060
250	300	0.009	0.009	0.040	0.060
300	350	0.010	0.010	0.040	0.060
350	400	0.011	0.011	0.050	0.070
400	450	0.012	0.012	0.050	0.070
450	500	0.013	0.013	0.050	0.070

表 5.4 比较仪的测量不确定度(摘自 GB/T 6230—2008) 单位:mm

尺寸范围		所使用的计量器具			
		分度值为 0.0005(相当于放大倍数 2000 倍)的比较仪	分度值为 0.001(相当于放大倍数 1000 倍)的比较仪	分度值为 0.002(相当于放大倍数 500 倍)的比较仪	分度值为 0.005(相当于放大倍数 250 倍)的比较仪
大于	至	不确定度			
—	25	0.000 6	0.001 0	0.001 6	0.004 0
25	40	0.000 7	0.001 0	0.001 6	0.004 0
40	65	0.000 8	0.001 1	0.001 7	0.004 0
65	90	0.000 8	0.001 1	0.001 7	0.004 0
90	115	0.000 9	0.001 2	0.001 8	0.004 0
115	165	0.001 0	0.001 3	0.001 8	0.004 0
165	215	0.001 2	0.001 4	0.001 9	0.004 0
215	265	0.001 4	0.001 6	0.002 0	0.004 5
265	315	0.001 6	0.001 7	0.002 1	0.004 5

注:表中数据使用的标准器由 4 块 1 级(或 4 等)量块组成。

表 5.5 指示表的测量不确定度(摘自 GB/T 1219—2008) 单位:mm

尺寸范围	所使用的计量器具			
	分度值为 0.001 的千分表(0 级在全程范围内,1 级在 0.2 mm 内),分度值为 0.002 的千分表(在 1 转范围内)	分度值为 0.001、0.002 的千分表(1 级在全程范围内),分度值为 0.01 的百分表(0 级在任意 1 mm 内)	分度值为 0.01 的百分表(0 级在全程范围内,1 级在任意 1 mm 内)	分度值为 0.01 的百分表(1 级在全程范围内)

大于	至		不确定度		
—	115	0.005	0.012	0.015	0.025
115	315	0.006			

注:表中数据使用的标准器由 4 块 1 级(或 4 等)量块组成。

一般情况下应优先选用Ⅰ挡,其次选用Ⅱ、Ⅲ挡。必要时应估算误差或误废的概率。

2) 计量器具选用示例

例 5-2　试确定 $\phi250\text{h}11(^0_{-0.29})$Ⓔ的验收极限,并选择相应的计量器具。

解　当基本尺寸为 180～250 mm、公差等级为 IT11 时,安全裕度为 IT11 的 10%,u_1 为 IT11 的 9%,即 $A=0.029$ mm,$u_1=0.026$(Ⅰ挡)。由于工件尺寸采用包容要求,应按内缩方式确定验收极限,则

上验收极限=最大极限尺寸—A=(250—0.029) mm=249.971 mm

下验收极限=最小极限尺寸+A=[250+(—0.29)+0.029] mm=249.739 mm

又根据表 5.3 可知,工件尺寸在 250～300 mm 范围内,分度值为 0.01 mm 的外径千分尺的不确定度为 0.009 mm,小于 $u_1=0.026$ mm,可以满足要求。

例 5-3　试确定 $\phi150\text{H}10(^{+0.16}_0)$Ⓔ,工艺能力指数 $C_p=1.2$ 的验收极限,并选择相应的计量器具。

解　当基本尺寸为 120～180 mm、公差等级为 IT10 时,$A=0.016$ mm,$u_1=0.015$ mm(Ⅰ挡)。由于 $C_p=1.2>1$,且遵循包容要求,其最大实体尺寸一边的验收极限按内缩方式确定,另一边按不内缩方式确定,则

上验收极限=最大极限尺寸=(150+0.16) mm=150.16 mm

下验收极限=最小极限尺寸+A=(150+0.016) mm=150.016 mm

又根据表 5.3 可知,工件尺寸在 100～150 mm 范围内,分度值为 0.01 mm 的内径千分尺的不确定度为 0.006 mm,小于 $u_1=0.015$ mm,可以满足要求。

例 5-4　某孔尺寸要求 $\phi30\text{H}8(^{+0.033}_0)$,用相应的铰刀加工,但因铰刀已经磨损,因此尺寸分布为偏态分布。试确定验收极限。若选用Ⅱ挡测量不确定度允许值 u_1,选择适当的计量器具。

解　当基本尺寸为 18～30 mm、公差等级为 IT8 时,$A=0.003\ 3$ mm,$u_1=0.005$ mm(Ⅱ挡)。

由于加工时用已磨损的铰刀铰孔,孔尺寸为偏态分布,并且偏向孔的最大实体尺寸一边,按标准规定,验收极限时所偏向的最大实体极限一边按内缩方式确定,而对另一边按不内缩方式确定,则

上验收极限=最大极限尺寸=(30+0.033) mm=30.033 mm

下验收极限=最小极限尺寸+A=(30+0.003 3) mm=30.003 3 mm

又根据表 5.4 可知,工件尺寸在 18～30 mm 之间,分度值为 0.005 mm(相当于放大倍数 250 倍)的比较仪的不确定度为 0.004 0 mm,小于 $u_1=0.005$ mm,可以满足要求。

任务 3 激光干涉仪测量

5.3.1 激光干涉仪认知

激光干涉仪用于精密测量,主要有以下两种类型。

1. 单频激光干涉仪

图 5.5 所示是单频激光干涉仪的光路系统,它实质上是以激光为光源的迈克尔逊干涉系统。激光器 1 发出的激光束经聚光镜 20 会聚于物镜 17 后焦点,即光阑 19 处,经准直物镜 17 变成一束平行光。经半圆光栅 16,反射镜 15 后,由分光镜 5 将它分为两路:一路经反射镜 6,角锥棱镜 4 返回;另一路经装于工作台 2 上的角锥棱镜 3 反射,在分光镜 5 处会合形成干涉。工作台 2 带着角锥棱镜 3 一起移动时,干涉带明暗交替变化。在第四象限加入相位板 18 是为了得到两路相位差 90°的干涉条纹信号。工作台每移动半个激光波长 $\lambda/2$,干涉条纹变化一个周期。它们分别经反射镜 14 及 13 反射,由物镜 11 和 12 会聚于其焦平面上的光阑 7 及 10 处,再由光电元件 8 和 9 接收。两路相位差 90°的光电信号经放大、整形、细分辨向,再经脉冲当量变换等处理,便可测出工作台的位移量。

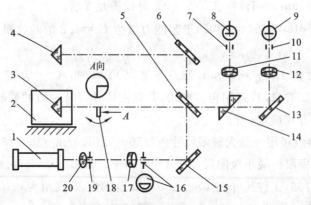

图 5.5 单频激光干涉仪工作原理

1—激光器;2—工作台;3,4—角锥棱镜;5—分光镜;6,13,14,15—反射镜;7,10,19—光阑;
8,9—光电元件;11,12—物镜;16—半圆光栅;17—准直物镜;18—相位板;20—聚光镜

两相邻干涉条纹对应的工作台移动距离为光波的半波长。如果干涉条纹数为 N,则位移量 $S=N\lambda/2$,对于氦氖激光 $\lambda=632.8$ nm。

激光的稳频技术发展很快,采用兰姆下陷稳频所获得的频率稳定度可达 10^{-8},而采用碘饱和吸收的激光器频率稳定度可达 10^{-10}。单频激光干涉仪的最大弱点是抗外界环境干扰能力差,因此它适用于精密计量室中。

2. 双频激光干涉仪

双频激光干涉仪的工作原理如图 5.6 所示。在单频氦氖激光器 1 的外部套有环形磁钢 2,它产生轴向磁场。由于塞曼效应,激光谱线被分裂成为两个频率分别为 f_1 与 f_2、旋向相反的圆偏振光。通过 $\lambda/4$ 玻片 3 后,变成水平和垂直向的两个线偏振光。一部分光束由反射镜 4 反射,经检偏器 12 在光电元件 13 上产生频率为 f_1-f_2 的参考信号。另一部分光经偏振分

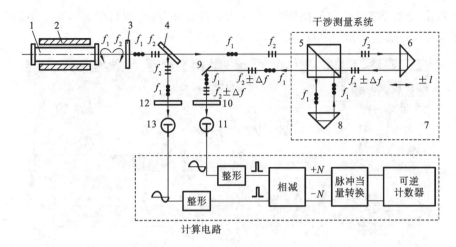

图 5.6　双频激光干涉仪工作原理
1—单频氦氖激光器;2—环形磁钢;3—波片;4,8,9—反射镜;5—偏振分光镜;
6—测量反射镜;7—滑座;10,12—检偏器;11,13—光电元件

光镜 5,偏振面垂直于纸面、频率为 f_1 的线偏振光产生全反射,经参考反射镜 8 反射返回。偏振面在纸面上的频率为 f_2 的线偏振光则通过偏振分光镜 5 经测量反射镜 6 反射返回。测量反射镜 6 固连在滑座 7 上。当滑座 7 以速度 v 远离偏振分光镜 5 时,由于多普勒效应,由测量反射镜 6 返回的光束频率变为

$$f_2+\Delta f=\sqrt{\frac{c-2v}{c+2v}}\approx f_2\left(1-\frac{2v}{c}\right)$$

式中:c 为光速;Δf 为由反射镜运动而引起的多普勒频移$\left(\Delta f=-\dfrac{f_2 2v}{c}\right)$。

由测量反射镜 6 与参考反射镜 8 反射返回的光束在偏振分光镜 5 上重新会合,经反射镜 9、检偏器 10 后,光电元件 11 接收到频率为 $f_1-(f_2+\Delta f)$ 的差拍信号。这一信号与光电元件 13 接收到的频率为 f_1-f_2 的信号各自整形后,送入减法器,两路脉冲数相减。如果不用脉冲当量转换电路,那么可逆计数器计的数 N 就是两路信号的频差对时间的积分,即

$$N=\int\{[f_1-(f_2+\Delta f)]-(f_1-f_2)\}\mathrm{d}t=-\int\Delta f\mathrm{d}t=\int\frac{2v}{c}f_2\mathrm{d}t=\frac{2}{\lambda}\int v\mathrm{d}t=\frac{2s}{\lambda}$$

式中:s 为滑座移动的距离。

由以上分析可以看出,双频激光干涉仪是计算频率差的变化值,不会受激光强度、磁场变化等干扰的影响。它接收的又是交流信号,便于放大,不用直流放大器,因此没有零点漂移的问题,所以双频激光干涉仪对环境适应能力较强。脉冲当量转换电路的作用是将所统计的干涉带亮暗变化数变为便于读出的数,例如以毫米为单位的数。

5.3.2　激光干涉仪测量直线度

应用激光干涉仪测量直线度操作步骤如下。
(1) 打开计算机及激光干涉仪的主电源。
(2) 开启计算机进入操作界面。
(3) 开启激光干涉仪电源并预热。
(4) 保持被测设备清洁(擦净设备导轨)。

（5）双击激光干涉仪软件的快捷方式，进入软件操作界面，然后单击图 5.7 中的直线度按钮（A 处），进入直线度操作主界面（见图 5.7）。

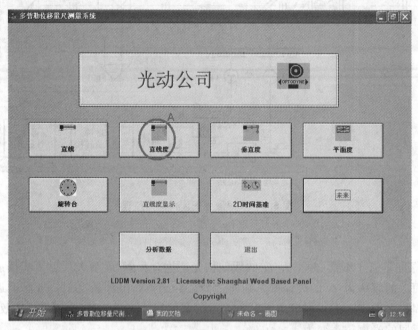

图 5.7　激光干涉仪操作界面

（6）在"单位"选项（A 处）选中"mm"，单击"材料"选择对话框（B 处），输入"11.63"，选中"强度"选项（C 处）（见图 5.8）。

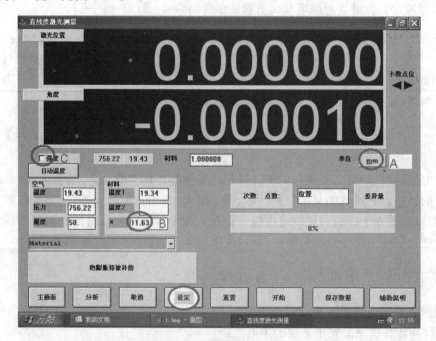

图 5.8　起始参数设定对话框

对激光测量仪进行反复手动对光（近调对光块，远调反光板），调整至激光强度值为80％～100％，时间为 10 min。

（7）单击"参数设定"对话框（见图 5.9）进入参数设定界面。

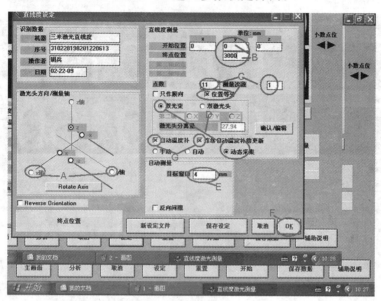

图 5.9　参数设定对话框

① 选定被测轴的 x 轴或 y 轴坐标（A 处），不能选定 z 轴，但 z 轴方向上要选"＋"；

② 设置"开始位置"选项（B 处）为"0" mm，再设置"终点位置"选项（B 处）为"3000" mm。

③ 设置"点数"选项（C 处）为 11 点，输入"测量次数"选项（C 处）为 1 次。

④ 单击选定"位置等分"选项（C 处）、"双光速"选项（D 处）、"自动温度补偿"选项（G 处）、"连续自动温度补偿更新"选项（G 处）、"动态采集"选项（D 处）。

⑤ 设置"目标窗口"选项（E 处）为 4 mm。

⑥ 设定完成，单击"OK"按钮（F 处）返回直线度操作主界面。

（8）先单击"重置"按钮（A 处），再单击"开始"按钮（B 处）（见图 5.10），完成测量参数的设定。

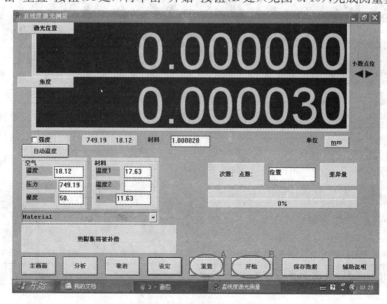

图 5.10　设定测量参数

（9）进入开始操作界面，单击"收集"按钮（A处）开始测量（见图5.11）。

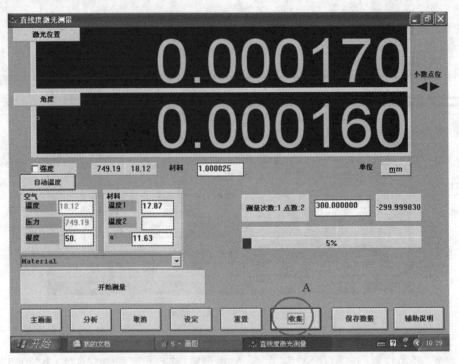

图5.11 准备测量

（10）测量完成后将数据保存至选定的文件夹内，并单击"分析"按钮（A处），如图5.12所示。

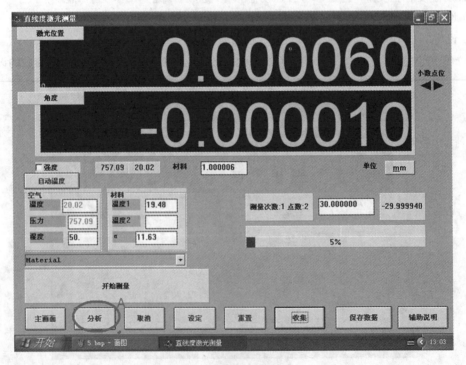

图5.12 分析测量数据

（11）单击开启功能，打开保存的文件，如图 5.13 所示。

图 5.13　打开保存的文件

（12）单击数据选项功能选择调整直线度，如图 5.14 所示。

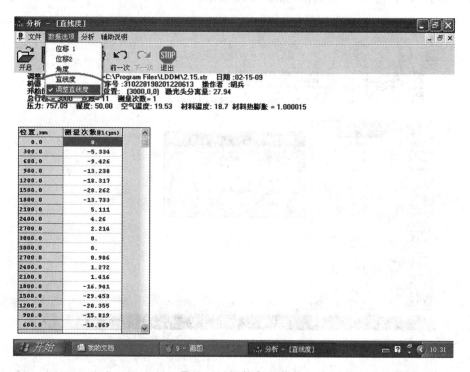

图 5.14　调整直线度

（13）单击"分析"下拉菜单，选择"误差"选项，如图 5.15 所示。

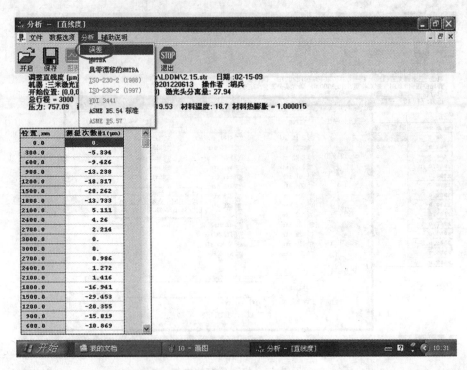

图 5.15　分析误差

（14）单击"OK"按钮，完成测量，如图 5.16 所示。

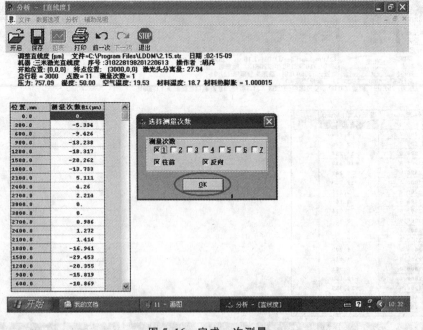

图 5.16　完成一次测量

（15）显示测量数据（直线度误差值＝最大值绝对值＋最小值绝对值），如图 5.17 所示。

（16）单击"图表"功能菜单，显示设备直线度测量数据坐标值（粗线为开始行程，细线为返

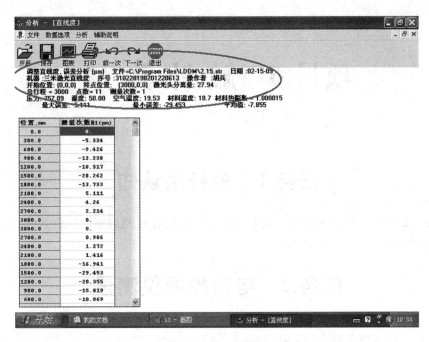

图 5.17　显示测量数据

回行程),可看出直线度的最高点及最低点,如图 5.18 所示。

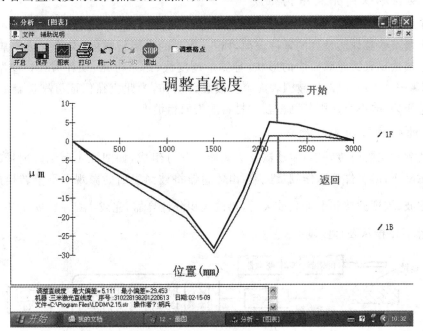

图 5.18　显示直线度数据

项目 6　触针测量

任务 1　触针法认知

触针法,又称针描法,是利用金刚石触针的针尖直接在被测表面上轻轻划过,从而测出被测表面的表面粗糙度参数值的方法。

任务 2　电动轮廓仪测量

6.2.1　电动轮廓仪认知

1. 电动轮廓仪简介及结构组成

电动轮廓仪是通过仪器的触针与被测表面的滑移进行测量的,是接触测量,其主要优点是既能直接测量某些难以测量到的零件表面,如孔、槽等的表面粗糙度,又能直接按某种评定标准读数或是描绘出表面轮廓曲线的形状,且测量速度快、结果可靠、操作方便。参数 Ra 的测量范围为 $10 \sim 0.04\ \mu m$。但是被测表面容易被触针划伤,为此应在保证可靠接触的前提下尽量减少测量压力,故不宜采用其测量较软材料的表面粗糙度。

2. 电动轮廓仪的工作原理

电动轮廓仪主要由传感器、驱动器及放大器三部分组成,如图 6.1 所示。测量时,触针在驱动器的驱动下,沿工件轮廓作测量运动,由传感器将被测表面的微观不平整转换成电信号,经过噪声滤波、波度滤波和平均表放大后,再输入积分计算器,完成 $\int_0^l |y|\,\mathrm{d}x$ 的积分计算,得出 Ra 值,然后由指示表直接显示。

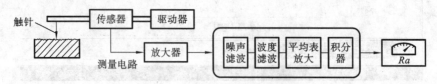

图 6.1　电动轮廓仪工作原理

6.2.2　电动轮廓仪测量

1. 表面粗糙度的基本知识

零件上按其特征加工形成的、与周围介质分离的表面,称为实际表面。

表面不平度通常按照表面轮廓误差曲线相邻两波峰或两波谷之间的距离（波距）的大小划分为三类误差：表面粗糙度、表面波度和表面上宏观形状误差。波距小于 1 mm 的属于表面粗糙度（微观几何形状误差），波距在 1～10 mm 的属于表面波度（中间几何形状误差），波距大于10 mm 的属于形状误差（宏观几何形状误差），如图 6.2 所示。

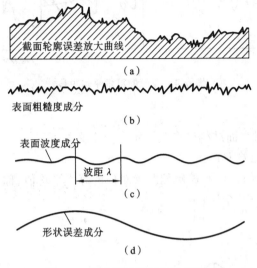

图 6.2　按波距不同划分误差种类

2. 基本术语

（1）表面轮廓。表面轮廓是指用一个指定平面与实际表面相交得到的轮廓。评定表面粗糙度时，通常指横向表面轮廓，即与加工纹理方向垂直的轮廓。

（2）取样长度。取样长度是指测量或评定表面粗糙度时所规定的一段基准线长度，用符号 lr 表示，它至少包含 5 个以上的轮廓峰和谷，如图 6.3 所示，取样长度的方向与轮廓走向一致。

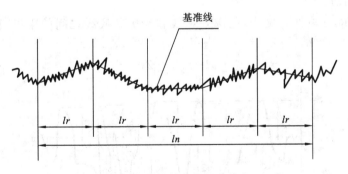

图 6.3　取样长度与评定长度

（3）评定长度。由于零件表面粗糙度不均匀，为了合理地反映表面粗糙度的特征，在测量和评定时所规定的一段最小长度称为评定长度，用 ln 表示，如图 6.3 所示，一般取 $ln=5lr$。

（4）轮廓中线。轮廓中线是测量或评定轮廓表面粗糙度数值大小的一条参考线，分为最小二乘中线和算术平均中线。最小二乘中线是指在取样长度内，使轮廓线上各点到参考线的轮廓偏距的平方和为最小的线。轮廓算术平均中线是指在取样长度内划分实际轮廓为上、下两部分，且使两部分面积相等的基准线，如图 6.4 所示。

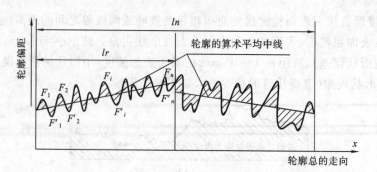

图 6.4　轮廓的算术平均中线

3. 评定参数

GB/T 3505—2009 对表面结构的有关评定参数定义如下。

1) 轮廓的算术平均偏差 Ra

如图 6.5 所示,在取样长度内,轮廓偏距绝对值的算术平均值,称为轮廓算术平均偏差,即

$$Ra = \frac{1}{lr}\int_0^{lr} |Z(x)|\, \mathrm{d}x \approx \frac{1}{n}\sum_{i=1}^{n} |Z_i|$$

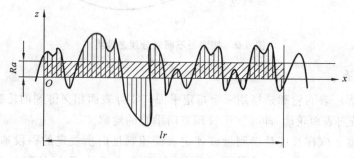

图 6.5　评定参数 Ra 含义

2) 轮廓最大高度 Rz

如图 6.6 所示,在取样长度内,轮廓峰顶线和轮廓谷底线之间的距离,称为轮廓最大高度,即

$$Rz = Zp + Zv$$

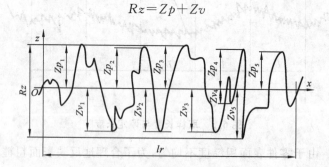

图 6.6　评定参数 Rz 含义

注意:在旧标准中,Rz 用于指示微观不平度的十点高度。而现在使用中的一些表面粗糙度测量仪器大多测的还是以前的 Rz 参数,因此当采用现行技术文件时必须小心慎重,在旧标准中,Rz 表示为

$$Rz = \frac{\sum\limits_{i=1}^{5} Zp_i + \sum\limits_{i=1}^{5} Zv_i}{5}$$

式中:Zp_i 为第 i 个最大的轮廓峰高;Zv_i 为第 i 个最大的轮廓谷深。

任务 3　粗糙度测量计测量

6.3.1　粗糙度测量计的认知

1. 粗糙度测量计简介及结构组成

常用的粗糙度测量计有 TR200 型手持式粗糙度测量仪(见图 6.7),该仪器适用于生产现场,可测量多种机加工零件的表面粗糙度,根据选定的测量条件计算相应的参数,在液晶显示器上清晰地显示出全部测量参数和轮廓图形,它具有如下特点。

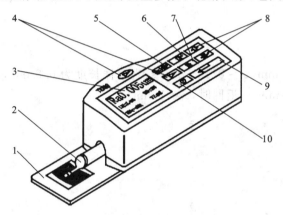

图 6.7　手持式粗糙度测量仪

1—标准样板;2—传感器;3—显示器;4—启动键;5—显示键;
6—退出键;7—菜单键;8—滚动键;9—回车键;10—电源键

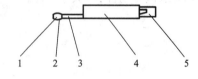

图 6.8　电感传感器

1—导头;2—触针;3—保护套管;4—主体;5—插座

(1) 多参数测量:Ra、Rz、Rv、Rq、Rp、Rc、Rt、Rsk。

(2) 配量高精度电感传感器(见图 6.8)。

(3) RC、PC-RC、GAUSS、D-P 四种滤波方式。

(4) 兼容 ISO、DIN、ANSI、JIS 四种标准。

(5) 128×64 点阵液晶,可显示全部参数及图形。

(6) 采用 DSP 芯片进行控制和数据处理,速度快,功耗低。

(7) 内置锂离子充电电池及充电控制电路,容量高、无记忆效应,连续工作时间大于 20 小时。

(8) 内置标准 RS-232 接口,可与计算机通信。

(9) 具有自动关机、记忆及各种提示说明信息。

(10) 可选配曲面传感器、小孔传感器、测量平台、传感器护套、接长杆等附件。

2. 粗糙度测量计工作原理

测量工件表面粗糙度时,将传感器放在工件被测表面上,由仪器内部的驱动机构带动传感器沿被测表面做等速滑行,传感器通过内置的锐利触针感受被测表面的粗糙度,此时工件被测表面的粗糙度引起触针产生位移,该位移使传感器电感线圈的电感量发生变化,从而在相敏整流器的输出端产生与被测表面粗糙度成比例的模拟信号,该信号经过放大及电平转换之后进入数据采集系统,DSP 芯片将采集的数据进行数字滤波和参数计算,测量结果在液晶显示器上读出,也可在打印机上输出,还可以与 PC 机进行通信。

3. 粗糙度测量计的参数

(1) 传感器。

检测原理:电感式;

测量范围:160 μm;

针尖半径:5 μm;

针尖材料:金刚石;

触针测力:4 mN(0.4 gf);

触针角度:90°;

导头纵向半径:45 mm。

(2) 驱动参数。

最大驱动行程:17.5 mm/0.7 in;

驱动速度:测量时,当取样长度为 0.25 mm,$v_t = 0.135$ mm/s;当取样长度为 0.8 mm,$v_t = 0.5$ mm/s;当取样长度为 2.5 mm,$v_t = 1$ mm/s;返回时,$v_t = 1$ mm/s。

(3) 示值误差:不大于 ±10%。

(4) 示值变动性:不大于 6%。

项目 7　三维扫描测量

任务 1　三维扫描认知

长久以来,制造业中产品的传统开发设计方式均遵循严谨的研发流程,即从产品需求的构思、功能与规格预期指标的确定开始,一直到各个组件的设计、制造、组装、性能测试等。这种开发模式称为"预定模式"(prescriptive model),这类开发工程统称为"正向工程"(forward engineering)。随着先进制造技术的不断发展和客户各种需求的增加,越来越多的工业设计着重于产品的外观造型设计,机械工程师们通过正向工程的研发流程已很难胜任,这时出现了所谓的"反向工程"(reverse engineering)。反向工程,又称为逆向工程,是指对各种已有的模型或产品,采用数字化测量设备获得 CAD 数据模型,根据设计要求对模型进行优化,并进一步制作模具、实现制造,最终生成能够投放市场的产品的技术。正向工程和逆向工程的对比如图 7.1 所示。

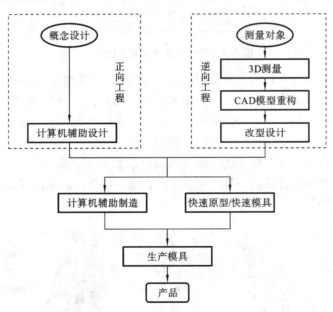

图 7.1　正向工程和逆向工程的对比

逆向工程中常用到光学三维测量技术。光学三维测量技术主要包括接触式测量技术和非接触式测量技术两大类。早期的逆向工程多采用接触式测量技术,如坐标测量机(coordinate measure machine,CMM)测量,随后在逆向工程中又出现了深度聚焦法、莫尔条纹法、立体视觉法、激光扫描法、结构光法等多种接触式和非接触式的数字化测量方法。当前,随着先进制造技术应用的不断深入,尤其在产品逆向工程领域,三维光学测量技术向着数据量大、表示精度和准确度高的方向发展。

7.1.1 光学三维测量技术的发展

近些年,光学三维测量技术取得了巨大的发展。光学三维测量在工业自动检测、产品质量控制、逆向设计、生物医学、虚拟现实、文物复制、人体测量等众多领域中得到广泛应用。这种巨大的应用需求,促使了多种光学测量技术的快速发展。随着计算机技术、数字图像获取设备和光学器件的发展,很多三维光学测量技术已经进入商业应用的成熟阶段。光学三维测量是通过运用适当的光学和电子仪器非接触地获取被测物体外部形貌的方法和技术。光学三维测量技术按照成像照明方式的不同通常可分为被动三维测量和主动三维测量两大类。图 7.2 所示为光学三维测量技术的分类。

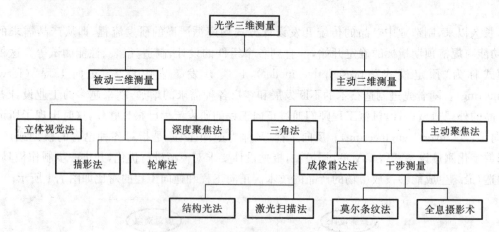

图 7.2　光学三维测量技术的分类

被动三维测量技术无需结构光照明,直接从一个或多个摄像系统获取的二维图像中提取物体的三维信息。此方法的关键在于使用相关算法从不同的图像中找出对应点,因此也被称为数字图像相关(digital image correlation,DIC)法,比较常用的技术包括立体视觉(stereo vision)法、摄影测量(photogrammetry)法、阴影恢复形状(shape from shading)法等。

一个典型的从多幅二维图像重建三维数据的例子如图 7.3 所示。从左到右分别为:多幅照片中的一张→计算出的特征点→重建的三维特征点→特征点经滤波等处理后的点云→最终得到的完整三维模型。

图 7.3　从多幅二维图像重建三维数据的完整过程

华盛顿大学 Steve Seitz 教授利用 653 张照片重建了巴黎一教堂中门,其中图7.4(a)为拍摄的正面照片,图7.4(b)为使用 DIC 方法重建的三维模型,图7.4(c)为三维模型的局部特征。由图 7.4(c)可见,利用 DIC 方法得到的三维点的密度较低,很难得到物体的细节信息,因此,

（a）

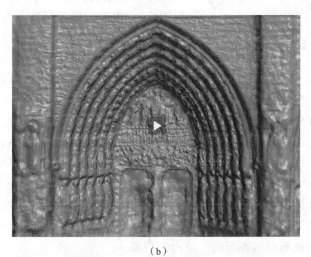

（b）

（c）

图 7.4　使用 DIC 方法重建的巴黎一教堂中门

（a）拍摄的一张正面照片；（b）重建的三维模型；（c）三维模型的局部特征

此方法仅适用于对被测物体细节要求不高的场合,在工业测量领域应用较少。

主动三维测量技术采用不同的投射装置向被测物体投射不同种类的结构光,并拍摄经被测物体表面调制而发生变形的结构光图像,然后从携带有被测物体表面三维形貌信息的图像中计算出被测物体的三维形貌数据。在主动三维测量技术中,目前已出现多个分支,包括结构光法、激光扫描法、莫尔条纹法和全息摄影术等。在上述众多测量方法中,结构光法和激光扫描法使用最为广泛。

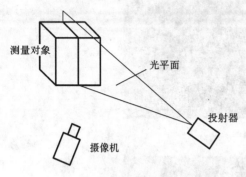

图 7.5 单光条结构光法测量原理

最早的结构光法(structured light)是点结构光法,顾名思义,投射结构光为一个光点。在点结构光法的基础上,产生了单光条结构光法,该方法采用线光源代替点光源,从而能够减少测量的扫描时间,如图 7.5 所示。虽然相对点结构光法,单光条结构光法有了很大发展,但仍然存在测量范围小、测量速度慢等问题。为了解决这些问题,出现了多光条结构光法,又称面结构光法,目前应用最为广泛。面结构光法的原理和单光条结构光法

的相似,只是投射光束要通过光栅投影在物体表面形成多光条的面结构光。这种方法的优点很多,主要有:易于实现,测量速度快,测量精度高,通过计算机控制的投影光栅实现位相移动、条纹密度和方向的改变,快速全场测量,以及便于多视角测量点云的配准。目前最常用的是采用平行光栅投影的光栅投影结构光测量方法(fringe projection structured light measurement method)。典型的基于数字光栅投影的结构光法三维测量系统的结构简图如图 7.6 所示。此系统测量时使用 DLP 投影仪向被测物体投射一组光强呈正弦分布的光栅图像,并使用 CCD 摄像机同时拍摄经被测物体表面调制而变形的光栅图像,然后利用拍摄到的光栅图像,根据相位计算方法得到光栅图像的绝对相位值,最后根据预先标定的系统参数或相位-高度映射关系从绝对相位值计算出被测物体表面的三维点云数据。

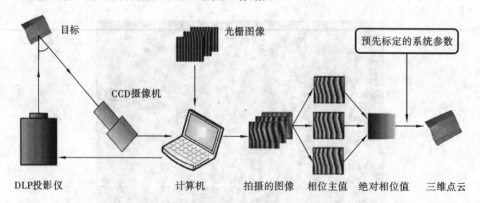

图 7.6 典型的基于数字光栅投影的结构光法三维测量系统结构简图

7.1.2 三维激光扫描技术

激光扫描(laser scanning)测量方法是根据光学三角测量(triangulation)原理,以激光作为光源,通过不同结构模式将其投射到被测物体表面,并采用光电敏感元件在另一位置接收激光的反射能量,根据光点或光条在物体上成像的偏移,通过被测物体基平面、像点、像距之间的关

系计算物体深度信息的一种测量方法。

三维激光扫描系统按工作原理大致分为以下三类:① 径向三维激光扫描仪,其使用脉冲测距技术从固定中心沿视线测量距离,测量距离可大于 100 m,每秒可测量 1 000 个点以上;② 相位干涉法扫描系统,其利用激光光线的连续波发射,根据光学干涉原理确定干涉相位的测量方法,适用于近距离测量,测量范围一般小于 50 m,每秒可测量 10 000～500 000 个点;③ 三角法扫描系统,其利用立体相机和机构化光源,通过获得两条光线信息,建立立体投影关系,适用于近距离测量,测量范围在 0～20 m,每秒可测量 100 个点。

任务 2　三维扫描仪测量

7.2.1　3DSS 三维扫描仪

1. 3DSS 三维扫描仪简介及结构组成

3DSS(three dimentional sensing system)三维扫描仪是上海数造机电科技有限公司研发生产的一种三维数字化设备,该产品分成单目和双目两大类。

逆向工程、计算机辅助工程(如 CAD/CAM)或有限元分析(FEM)经常需要一种有效的坐标扫描设备来对实物进行数字化建模,它能对物体进行高速度、高密度扫描,输出三维点云供进一步后处理用。它是一种非接触扫描设备,能对任何材料的物体表面进行数字化扫描,如工件、模型、模具、雕塑、人体等,可用于逆向工程、工业设计、三维动画、文物数字化等领域。

完整的 3DSS 系统由如下部分构成:

(1) 微型计算机和显示器;

(2) 扫描头;

(3) 连接电缆;

(4) 标定板;

(5) 三脚架。

扫描头由如下部分构成(见图 7.7):

(1) 光栅发生器;

(2) 两个摄像头及镜头;

(3) 机架。

2. 3DSS 三维扫描仪工作原理

3DSS 三维扫描仪的基本工作原理是,通过采用一种结合结构光技术、相位测量技术、计算机视觉技术的复合三维非接触式测量技术,测量时,首先用光栅投影装置投影数幅特定编码的结构光到待测物体上,成一定夹角的两个摄像头同步采得相应图像,然后对图像进行解码和相位计算,并利用匹配技术、三角形测量原理,解算出两个摄像头公共视区内像素点的三维坐标。采用这种测量原理,使得对物体进行照相测量成为可能。所谓照相测量,就是类似于照相机对视野内的物体进行照相,不同的是照相机摄取的是物体的二维图像,而 3DSS 三维扫描仪获得的是物体的三维信息,如图 7.8 所示。

（a）扫描头后视图

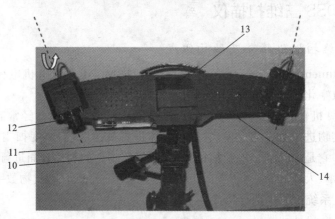

（b）扫描头前视图

图 7.7　扫描头外观

1—摄像头数据线；2—云台；3—摄像头紧固螺钉(两个)；4—左摄像头；5—右摄像头；

6—光栅发生器焦距调节杆及变焦杆；7—光栅发生器操作面板；8—VGA 接口；9—电源插口；

10—六角卡盘；11—圆柱支架；12—镜头(角度可调)；13—反射镜调节板；14—机身面板

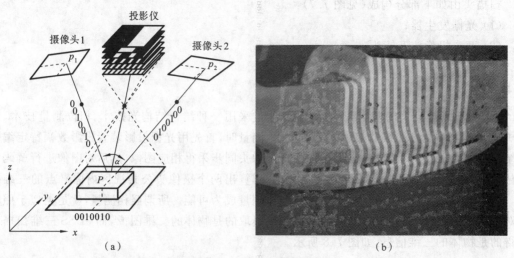

图 7.8　3DSS 工作原理图

3. 测量过程及关键步骤

(1) 标定。通过标定获得摄像机内部参数(如镜头焦距、畸变系数等)和外部参数(如两台摄像机和投影仪的位置关系及摄像机坐标系与测量系统整体坐标系之间的关系等),用于后面的匹配计算和三维坐标计算。图 7.9 所示为三维扫描仪通过标定板标定的过程。

图 7.9 通过标定板标定

(2) 空间信息的获取。测量对象表面点的空间位置,采用空间编码方法对测量空间进行划分。通过投影仪投影栅距不同的一系列平行光栅到被测对象,在对象表面形成变形的光条纹,这些变形的光条纹由与投影仪中心成一定角度的两台 CCD 摄像机记录(见图 7.10),根据记录的一系列投影光栅,对测量空间的每个空间点进行编码,经过译码和相位计算获得每个空间点的编码信息和相位信息,从而确定其空间位置,获得测量空间信息,即测量空间划分。常用编码技术有 Gray 编码、二进制编码和局部连续空间编码技术。

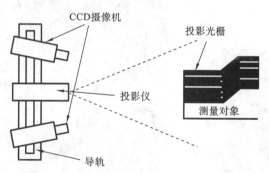

图 7.10 双目式光栅投影结构光测量系统

(3) 匹配。通过匹配可获得空间点在左、右图像中的像点,进而进行三维坐标的计算。目前存在的匹配方法主要是基于灰度的相似匹配方法、基于特征的特征匹配方法和外极相位匹配方法等。图 7.11、图 7.12 所示为鼠标正面和反面扫描点云通过特征点匹配。

(4) 三维坐标的计算。基于匹配结果和双目式光栅投影结构光的测量原理,由坐标参量及摄像机和投影仪的标定参数来计算空间点的坐标。

(5) 采样。采用双目式光栅投影结构光测量方法测量,经过三维坐标计算后可以获得数量巨大的表面点坐标数据。但在实际测量过程中,根据测量对象的表面状况,不一定需要计算

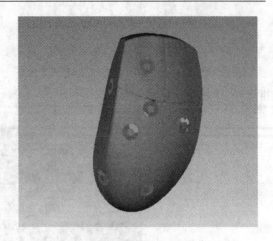

图 7.11　匹配前鼠标正面和反面点云　　　　　　　图 7.12　匹配后鼠标正面点云

出所有的点数据,因此,可以根据测量对象的实际情况选择性地获得部分点坐标数据,这个过程就是采样(sampling)。采样是在测量过程中对测量结果的一个简化过程,采样结果以点云或面的形式输出,采样的好坏在很大程度上能够影响 CAD 模型重构的效率和质量。如图7.13所示,对鼠标点云进行采样,由采样前 207 248 个点变为采样后 147 629 个点。

　　(6)点云的配准。双目式光栅投影结构光测量方法的强大测量能力的一个重要方面是其测量范围大,它能实现大尺寸和复杂测量对象的整体测量。但要实现这些测量,仅仅在一个视场(测量位置)下进行测量是远远不够的,必须在多个视场下进行测量,获得多组数据。因为测量视场不同,获得测量数据的坐标系也不同,要获得整体或完整的测量结果,多次测量的数据点云必须进行配准(registration)。通过配准和拼合把多次测量点云统一到一个坐标系内,组成一幅完整的单层测量点云。图 7.14 所示为鼠标多次测量点云经配准和拼合统一到世界坐标系中。

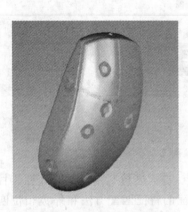

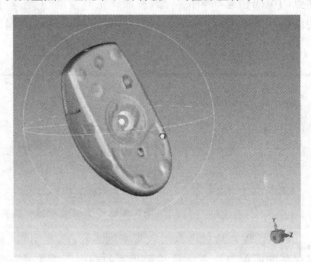

图 7.13　对鼠标点云进行采样　　　　　图 7.14　点云经配准和拼合统一到世界坐标系中

7.2.2　3D CaMega 三维扫描

1. PCP 系列便携式三维扫描系统的特征和组成

测量中常用的是 PCP 系列便携式光学三维扫描系统,它结构轻巧,可手持对物体实现多方位的扫描(也可放置在三脚架上对物体进行扫描);单次扫描范围从最小 100 mm×80 mm 到最大 1 200 mm×9 600 mm;扫描速度迅捷(单次扫描时间低于 0.1 s);在扫描中小型物体的场合,无需贴标志点,配合数控转台可实现数据自动拼接。

PCP300+精密数控自动拼接系统硬件主要由以下部件组成。

(1) PCP300 扫描仪。

(2) 专业三脚架。

(3) CR-100 精密数控自动拼接系统转台。

(4) 标定块。

(5) 控制盒。

(6) 电源(16 V)。

(7) 加密锁。

(8) 数据处理软件光盘,包含相机驱动、控制软件、图像反求软件和点云处理软件等。

(9) 包装箱。

PCP300+精密数控自动拼接系统软件由三部分组成:控制程序、Winmoire 软件、CloudForm 软件。控制程序采集清晰的光栅图像和白光图像,Winmoire 软件将这些图像解析成为带有颜色信息的三维点云数据,再经过 CloudForm 软件对点运数据进行处理,最终形成优质完整的三维点云数据。

2. 工作原理

3D CaMega 三维光学扫描系统将可见光光栅条纹图像投影到待测物体表面上后由 CCD 将拍摄到的条纹图像输入到计算机中,三维图像反求软件根据条纹按照曲率变化的形状,利用相位法和三角法等精确地计算出物体表面每一点的空间坐标 (x,y,z),生成三维的可输出色彩信息(R、G、B)的彩色面点云数据,生成数据的精度可达 0.02 mm,可广泛用于逆向工程、快速成形、工业设计、人体数字化、文物数字化等领域。

3D CaMega 结构光三维测量系统采用多频外差原理进行相位计算,与基于 Gray 编码和相移法的相位计算方法相比,该方法的相位计算精度更高,可得到较高的测量精度,受被测工件表面明暗度的影响更小,测量时无须向被测物体喷射显影剂,系统的稳定性更强。

外差原理是指将两种不同频率的相位函数 $\Phi_1(x)$ 和 $\Phi_2(x)$ 叠加得到一种频率更低相位函数 $\Phi_b(x)$,如图 7.15 所示,其中 λ_1、λ_2、λ_b 分别为相位函数 $\Phi_1(x)$、$\Phi_2(x)$、$\Phi_b(x)$ 对应的频率。

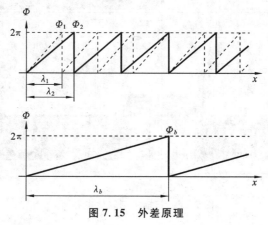

图 7.15 外差原理

$\Phi_b(x)$的频率 λ_b 经过计算可表示为

$$\lambda_b = \frac{\lambda_1 \lambda_2}{\lambda_1 - \lambda_2}$$

3. 型号及参数

PCP300 扫描仪的技术参数参见表 7.1。

表 7.1 技术参数

型 号	PCP300 型
单幅扫描范围/mm	300×240
拍摄距离/mm	350
景深/mm	−90～+90
图像分辨率(像素)	1280×1024
测量精度/mm	0.025
操作系统	Windows XP sp2
电源/V	16(DC)

7.2.3 3DSS 三维扫描仪应用

1. 扫描软件界面介绍

图 7.16 所示为扫描控制软件的主界面,客户区被固定分成四个区域,其中第一象限是扫

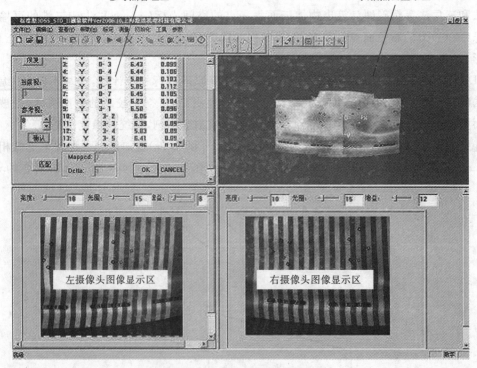

图 7.16 扫描控制软件主界面

描点云显示区,第二象限是参考点管理区,第三象限是左摄像头图像显示区,第四象限是右摄像头图像显示区。

2. 扫描原理及方法

1) 系统标定

扫描仪初次安装、仪器来回搬动、镜头调整或室温显著变化之后,需要对扫描系统进行标定。标定的目的是确定镜头坐标、光栅投影坐标系和全局坐标系之间的换算关系,进而计算工件上扫描的点云坐标,形成空间点云数据。

标定是借助于标定装置——标定板,利用软件算法计算出扫描头的所有内外部结构参数,最后正确计算扫描点的坐标,如图 7.17 所示。

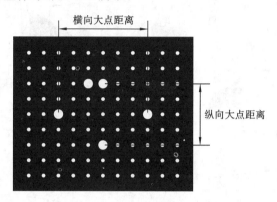

图 7.17　标定板

本算法采用平面模板五步法进行标定,所谓五步法就是依次采集五个不同方位的模板图像,进行标定。具体标定过程如下。

(1) 打开扫描仪软件,通过菜单"标定"→"标准法"进入标定向导(Wizard)。

(2) 按"下一步"按钮,进入第一步,如图 7.18 所示。页面上左边的图像提示了标定板的

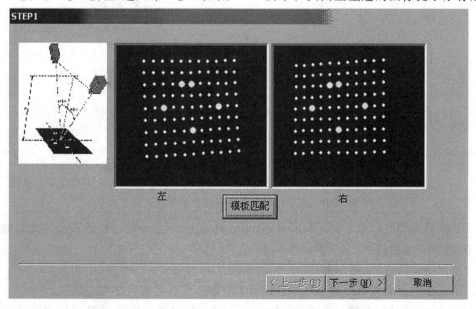

图 7.18　标定页面

摆放方法。图 7.19 中，a 大致等于扫描距离，α、β 为倾斜角度（α 为 20°～60°，β 约为 25°）。两台摄像头的光轴所成的面称为中心面，CCD 光学中心连线称为基线。这一幅里，标定板基本与中心面垂直，标定板的法线基本垂直于基线。页面中有两个并排的小窗口，它们是分别显示左、右摄像头的匹配效果的，匹配出的点都显示在上面，标定时，并不要求所有的点都找到，但为了保证标定效果，每次缺失的点应少于五个。刚进入此页面时，不会进行匹配，先观察屏幕上的摄像机视图，观看左、右摄像头是否覆盖标定板，如果没有，可调整标定板或三脚架直至合适。还要看亮度是否合适，如果不合适则要调整软件光圈、增益或投影灯亮度，然后按下"模板匹配"按钮，计算机开始匹配，并把结果显示在标定向导页面上。

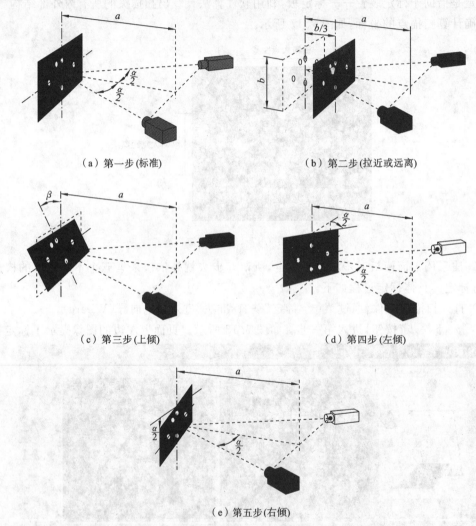

（a）第一步(标准)　　　　　　　　（b）第二步(拉近或远离)

（c）第三步(上倾)　　　　　　　　（d）第四步(左倾)

（e）第五步(右倾)

图 7.19　五步标定法各步标定板的摆放方位

（3）如果绝大部分的点都能匹配并显示出来，就按下"下一步"按钮，进入第二步。如果结果不满意，重新调整后再匹配，直到满意为止。

（4）依次进入第三步、第四步、第五步。标定板方位图如图 7.19 所示。

（5）第五步的界面稍有不同，多了"标定计算"按钮和"接收标定结果"按钮。

在这一步中，成功进行模板匹配后，就可以按下"标定计算"按钮，计算机即开始进行优化计算，在数秒内完成标定运算，然后会在屏幕上显示出极差来。极差越小，表示标定结果越准确。极差小于 2 就可以接受。如果极差太大,则要重新进行标定。

注意 如果某一部分有较多的点匹配不出来,则把倾斜角度减小些再匹配;并不是所有的点都要匹配出来;倾斜角过小不利于获得好的标定效果。

(6)接收标定结果。如果标定误差符合要求,则按下"接收标定结果"按钮,新的标定结果就会起作用了。按下此按钮后标定下面的"完成"按钮激活,由灰色变成黑色。

(7)按下"完成"按钮,结束标定。

(8)取消标定。若标定结果不理想,则按下"取消"按钮,退出标定程序。在标定中的任何一步,都可按下"取消"按钮,退出标定程序。

标定结果以文件 PAR.TXT 的形式保存在运行目录的\CALI 子目录中,这个参数将影响后续的扫描,直到重新标定后新的参数文件覆盖此文件为止。

2)扫描前置处理

物体的表面质量对扫描结果影响很大。如果扫描结果不理想时,可考虑对物体作表面处理。虽然并不是所有的物体都需要做表面处理,但下面几种表面必须处理:黑色表面;透明表面;反光面。

物体最理想的表面状况是表面呈亚光白色。常用的方法是在物体表面喷一薄层白色显像剂,这种物质跟油漆不一样,很容易就可去掉,便于扫描完成后还物体以本来面目。在喷显像剂的时候,不要喷得太厚,不要追求表面颜色的均匀而多喷,只要薄薄一层就行,否则会造成误差,也不要喷到皮肤上,更不要吸入人体内。

实验表明,一般情况下人的皮肤可以不经过处理就能扫描出来,但摄像头软件增益要调高。对于颜色较深的皮肤,可以适当打一点白色粉底,但千万不要喷显像剂。

要完整地扫描一个物体,往往要进行多次、多视角扫描,特别是超过扫描范围的物体。就是在扫描范围内的物体,例如一个瓶子,也需要在不同的视角下进行多次扫描,才能获得整体外形的点云。这时就需要进行多视角拼合运算,把不同视角下测得的点云转换到同一个统一的坐标系下。

参考点就是用来协助坐标转换的,它实际上是一些贴在物体表面的圆点,可以采用两种参考点,一种是白底黑点,另一种是黑底白点。为了可靠地识别参考点,参考点需要确定一定的大小,但参考点贴在物体表面会使表面的点云出现空洞。多视角扫描图像可通过随机扫描软件进行拼合,也可采用专业软件(如 Geomagic 等),依靠参考点拼合,或利用表面的一些自有特征来进行拼合。

需要注意的是,相邻两次扫描之间,至少要有三个重合的参考点才能进行拼合。参考点粘贴的时候,高低应尽量错开,排列应避免在一条直线上,也不要贴成规则点阵的形状。

3)扫描策略

物体大小不同,扫描的要求不同,采用的拼接方法不同,则扫描方法也不相同,应该灵活运用。比如说,小物体和大物体的扫描方法就不同。小物体的概念是相对的,是指尺寸小于单次扫描范围的物体。一个电话机听筒,对于标准型扫描仪来说是小物体,但对于精密型物体而言就不是小物体了。在实践中,应灵活运用各种扫描方法。常用的扫描方法如下。

(1)不贴参考点的扫描方法。如果对一个物体感兴趣的部分在一个视角就可以全部扫描到,则根本用不着拼接,或者操作者习惯于利用 Surfacer 或 Geomagic 等软件来进行手动拼接,而物体上有明显的特征可供利用,那么就可以不用贴参考点,可以直接扫描并保存扫描结果。但如果物体上无明显特征,还是应该在物体上粘贴参考点。

（2）借助于参考板的多视角自动拼接扫描方法。如果只对一个物体的顶面和侧面感兴趣，底面不要扫描，则可以借助于一个参考板来进行，如图7.20所示，找一块参考板，最好是黑色的，参考板上贴一些参考点。

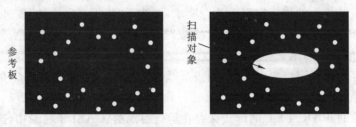

图 7.20　借助于参考板的多视角扫描

扫描时，先不要把扫描对象放到参考板上，第一幅先对参考板上的参考点进行扫描，争取把所有的参考点都能扫描出来，然后把待测物体固定在参考板上（例如用橡皮泥、热胶枪等），依次转动参考板，或移动扫描仪，通过4～6次扫描就可扫完扫描对象除底部外的所有部分，并利用参考板上的参考点自动拼合起来，而待测物体上并没有参考点，因而也没有空洞。如瓶子、玩偶均可采用这种方法扫描。

在一些情况下，需要扫描物体的整体，不但需要顶部和侧面点云，还需要底面的点云，这就要用到把上面的扫描方法稍做改变，不但参考板上要贴点，物体的侧面也要贴足够的参考点。基本方法是采用两步：第一步采用上面的方法得到顶部和侧面的拼合点云，注意至少有一幅要能取得侧面上的较完整的参考点；第二步是把待测物体从参考板上取下来，底面朝上，继续扫描，依靠侧面上的参考点把底面的点云自动拼接到上面几步扫描到的点云坐标系中。

注意　扫描过程中，为了较好地取得侧面的点云和参考点，应调整扫描仪和参考板的相对角度。

（3）物体本身粘贴参考点的多视角自动拼接扫描方法。

在没有参考板或不适合用参考板的情况下（如物体尺寸较大），可采用在物体本身贴参考点的方法，例如对于一个电话机听筒就可以采取这种方法。在物体的各个表面粘贴足够数量的参考点，扫描时应注意合适地摆放物体，使得每次扫描时能把相邻两次扫描部分的参考点都识别出来，要保证当前扫描的区域至少要与已扫描过的某一幅中有三个或以上数量的公共参考点，这样才能顺利过渡。

对于汽车门板、仪表板等大型物体，可根据扫描范围把待测物体预先规划成多个扫描区间，要保证相邻区间有足够的重叠部分（大概重叠扫描范围的1/3），一般从中间开始扫描，向四周扩散，在每个区域的重叠部分贴上足够的参考点。

（4）壳体的正反面扫描。

在逆向工程中，常要求对壳体类零件进行正反面扫描，这时应根据零件的大小采取正确的扫描策略。

① 小物体的正反面扫描方法。

对于鼠标类小型壳体，可利用前文中介绍的参考板方法扫描得到正反两面各一幅点云（KZ 和 KF）作为后续拼接的框架，然后再单独对正反面分别进行多角度扫描获得正反面各自的完整点云（PZ 和 PF），逆向软件中，固定 KZ 和 KF，让 PZ 与 KZ 对齐，PF 与 KF 对齐，对齐后的 PZ 和 PF 合并后即得到完整的点云。也可用参考球法进行扫描。

② 大物体的正反面扫描方法。

对于车门等物体的正反面扫描,采用参考球法比较简单,扫描前在物体的侧边粘贴半径相同的若干个参考球(三个以上),分别用自动拼接法扫描得到正、反面点云,最后利用参考球法对齐到一起。

3．扫描项目

1)建立新扫描工程

开始一个新扫描之前,必须建立一个新项目,从菜单项"扫描"→"新项目"进入后,会弹出一个文件对话框,如图 7.21 所示。

图 7.21　建立新项目

选择适当的子目录后,在文件名输入框中输入合适的项目名称,例如可用日期加编号组成,也可直接用待扫描物体的名称,然后按下"保存"按钮,系统会自动在所选的目录中建立一个子目录,目录名就是刚在文件名输入框中输入的名称。

如果输入的名称与目录中的子目录名重名,则系统会进入这个子目录,继续等待输入。出现这种情况时,可换一个新名称,或把该子目录删除。

2)打开项目

对于一个已存在的扫描项目,可以用打开项目的功能。扫描参数修改后,要重新离线计算点云数据,或者扫描过程中突然停电或计算机死机,数据没来得及保存,也可使用此功能。在启动扫描软件前,拔掉摄像头的数据线。从菜单项"扫描"→"打开项目"进入,弹出一个与上面类似的文件对话框,选择需要的子目录,单击后进入该目录,然后双击该目录中与目录名重名的"∗.prj"文件,即工程文件。然后,执行扫描功能、拼合功能,只不过没有视频显示功能,所有的操作都是基于已保存的顺序图像文件。计算出的点云文件可重新保存。

3）点云文件的自动管理规则

扫描进行时，应及时把点云文件保存到硬盘中。此时可单击菜单项"文件"→"Export"→".asc"，从弹出的文件对话框中输入一个点云名称，例如"test"。系统会把点云按顺序把每个视角的扫描点云分别保存成一个文件，文件名是刚输入的名称后面加零号。

4．结果输出

结果输出有多种格式可供选择，如 asc 格式（标准点云格式，后缀为.asc）、vrml2.0 格式（后缀为.wrl）、stl 格式、igs 格式等。asc 格式只包含点的 x、y、z 三维坐标信息；vrml2.0 格式除了 x、y、z 三维坐标信息外，还包含每点的颜色信息，彩色扫描时通常保存成.wrl 文件格式。stl 是二进制格式的三角网格，但目前只能对单次扫描的点云生成三角网格并保存成独立的 stl 文件。igs 格式的文件仍然是点云，并不是曲面。

1）输出所有点云

自动利用 3DSS 自动拼接功能可对一个物体从多个角度扫描，多次扫描的结果可用"保存所有点云"功能输出，每幅点云分别保存成独立的文件，以利于进一步处理。单击菜单项"文件"→"Export all"，会弹出一个文件保存窗口，选择需要的文件格式，输入点云文件名称，3DSS 会在名称后自动添加序号，序号从零开始，一直连续编号到当前幅。

2）输出当前点云

此功能仅输出当前幅的扫描结果。单击菜单项"文件"→"Export Active"，会弹出一个文件保存窗口，选择文件格式，输入点云文件名称，3DSS 会在名称后自动添加当前视图的序号，操作者不必输入序号。

3）合并点云并输出

此功能把所有视图的点云自动删除重叠点云后合并成一个点云文件输出。单击菜单项"文件"→"Merge&Export"，会弹出一个文件保存窗口，选择文件格式，输入点云文件名称，由于保存文件数据量较大，并且运算量也较大，所以操作时间较长，需耐心等候。

5．多视角扫描步骤

（1）启动扫描软件。

（2）激活摄像功能。

（3）建立一个新扫描项目。

（4）设置扫描参数。

（5）打开投影灯，扫描头对准待扫描区域，观察左、右视频区，调整三脚架或物体，使扫描头基本垂直于物体表面，物体到扫描头的距离近似等于设定扫描距离。

（6）观察采集的图像亮度是否合适，不合适则调整相应的增益参数。

（7）扫描第一幅点云，单击菜单项"扫描"→"扫描"或单击图标▓▓，软件自动地先扫描参考点，再进行点云扫描。在右上角的点云显示窗口中观察可视区内的参考点和点云是否都被扫描出来，点云是否完好：若不满意，分析原因后重新扫描；若满意，则按参考点管理窗口中的"OK"按钮，使参考点固定并显示为红色。

注意 第一幅不要进行匹配。

（8）单击 ▶ 图标，把当前视图加 1（单击 ◀ 可以把当前视图编号减 1）。注意不要连续单击 ▶，中间不能有未经成功匹配的视图。如果多单击了，可单击 ◀ 加以纠正。

（9）单击菜单项"扫描"→"扫描"或单击图标 ，进行参考点和点云扫描。扫描结束后，在点云显示窗口中，只显示当前视图的结果，其余的点云和参考点暂时隐藏，这样便于观察扫描结果。

（10）单击"匹配"按钮进行匹配，如果匹配成功（匹配点数大于等于 3，匹配误差小于 0.1 mm），单击"OK"按钮。单击"OK"按钮后，点云显示窗口中会显示出所有幅的点云来，可以从点云的相互位置关系进一步判断拼接是否正确。

如果不成功，有两种情况：其一是匹配点数大于等于 3，但匹配误差较大（通常会是一个超过 1 的较大的数），这时可以减小参考点参数里的"最小相似距离"，例如由 0.15 改为 0.05，或者在参考点列表中，删除列表中的第一个参考点，再按"匹配"按钮后，问题能解决；其二是使匹配点数小于 3，这往往是重叠区域不够造成的，要调整扫描区域，使之与已经扫描过的区域有足够的重叠参考点，再重复步骤（9），重新扫描参考点和点云。

注意　匹配误差较大时，不能进行下一步。

（11）转步骤（8），扫描下一个区域，直到所有区域扫描完毕。

（12）输出点云：用"输出所有点云"可输出所有视图的扫描结果。例如输入文件名 car，而当前视图序号是 10，则保存的点云文件是 car0.asc，car1.asc，…，一直到 car10.asc。也可用"输出当前视图点云"功能，什么时候输出当前视图呢？通常是在已用"Export all"功能保存了前面的视图后又扫描了新的点云，此时，若继续用"Export all"功能，则会花相当长的时间重新保存前面已经保存过的点云，而用"Export active"则只保存新扫描的点云。

（13）扫描结束后必须先关闭摄像功能，然后才能关闭扫描程序。

任务 3　逆向设计软件认知

Geomagic Studio 软件是常用的逆向设计软件，其界面如图 7.22 所示，可将三维扫描数据和多边形网格转换为精确的曲面化三维数字模型，以用于逆向工程、产品设计、快速成型和分

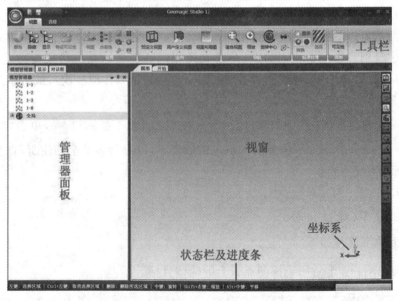

图 7.22　Geomagic Studio 逆向软件操作界面

析。作为将三维扫描数据转换为参数化 CAD 模型和三维 CAD 模型的最快速的方法，Geomagic Studio 提供了四个处理模块，分别是扫描数据处理（capture）、多边形编辑（wrp）、NURBS 曲面建模（shape）、CAD 曲面建模（fashion）。

下面是 Geomagic Studio 逆向软件典型应用实例。

7.3.1 点云注册及特征对齐

1. 手动注册

手动注册操作步骤如下。

（1）打开素材文件。启动 Geomagic Studio13 软件后，打开文件，如图 7.23 所示。若是多个.asc 文件，打开时请选中多个文件。

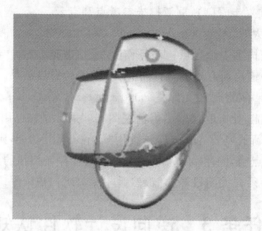

图 7.23 打开扫描文件

（2）着色点。单击图标，系统将自动计算点云的法向量，赋予点云颜色。

（3）手动注册。按住 Ctrl 键选中所有要拼接的点云，单击对齐工具栏下的图标，弹出手动拼接对话框。在定义集合里，固定选组 1，浮动选组 2，选中 n 点注册。

将上面两个窗口内的模型旋转到相同的方位（按住鼠标滚轮），放大模型（滚动鼠标滚轮），在左右窗口中分别单击三个相同的点（单击大致相同的区域），系统将根据指定点进行匹配。系统自动匹配完后，单击左下角"注册器"按钮进行注册（精细注册一次），最后单击"确定"按钮退出。如图 7.24 所示。

（4）全局注册。按 F5 选中全部点云，单击对齐工具栏下的图标，单击"应用"按钮，如图 7.25 所示，注意在窗口左下方显示的偏差的数值，可以进行多次全局注册，直至多次迭代后偏差最小，基本不变为止。

（5）合并。

2. 特征对齐（球法拼接）

特征对齐基本流程如下。

① 探测球体目标：用于探测点云上的球体目标。

② 目标注册：根据已知球体目标进行注册配对。

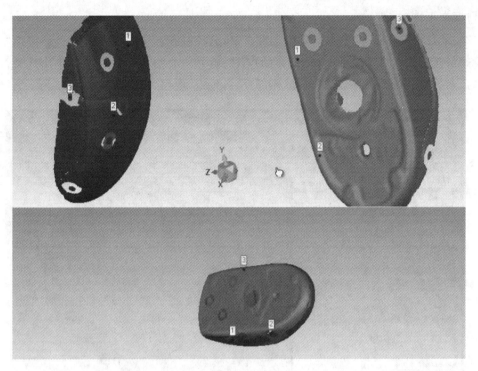

图 7.24 手动注册

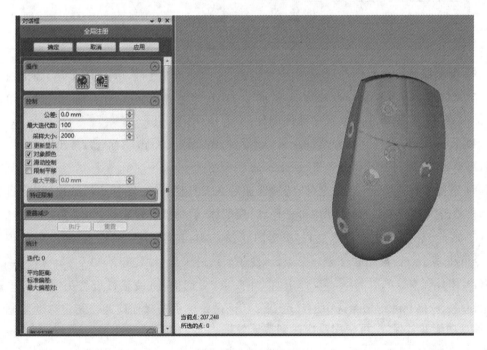

图 7.25 全局注册

③ 清除目标 :清除球体点云或目标。

具体操作步骤如下。

(1) 打开素材文件。启动 Geomagic Studio13 软件后,打开文件。该工件为塑料的盘具,属于薄壁类工件。

（2）探测球体目标Ⅰ。按 F5 选中全部点云，选择对齐工具栏，单击图标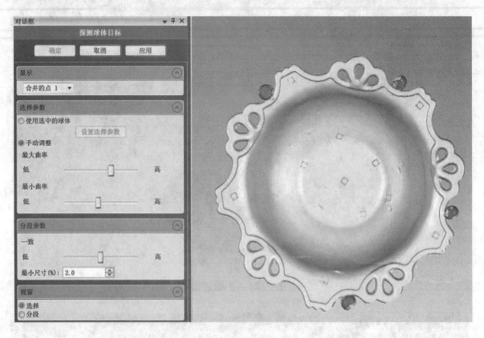，弹出"探测球体目标"对话框。在显示框中选择"合并的点 1"，在右边视窗选中球上的一小块区域，单击设置"选择参数"按钮，系统将自动选中球体部分，再单击"应用"按钮。如图 7.26 所示。

图 7.26　探测球体目标

（3）探测球体目标Ⅱ。按 F5 选中全部点云，选择对齐工具栏，单击图标，弹出"探测球体目标"对话框。在显示框中选择"合并点的 2"，在右边视窗选中球上的一小块区域，单击"设置选择参数"按钮，系统将自动选中球体部分，单击"应用"按钮。

（4）目标注册。按 F5 选中全部点云，选择对齐工具栏，单击图标，弹出"目标注册"对话框，再单击"应用"按钮，如图 7.27 所示。

（5）清除目标。按 F5 选中全部点云，选择对齐工具栏，单击图标，弹出"清除目标"对话框，再单击"确定"按钮，在选项中可选择球、残留体、目标点进行删除，如图 7.28 所示。

（6）联合点对象。选择点工具栏，单击图标，弹出"联合点"对话框，单击"应用"按钮。该命令可将多个点云模型联合为一个点云，便于后续的采样、封装等。

（7）体外孤点。单击图标，弹出"体外孤点"对话框，将敏感性设置为"100"，单击"应用"按钮，按下 Delete 键删除选中的红色点云。该命令表示选择任何超出指定移动限制的点，体外孤点功能非常保守，可使用三次达到最佳效果。

（8）减少噪声。单击图标，进入"减少噪声"对话框，单击"应用"按钮。该命令有助于减少在扫描中的噪声点到最小，更好地表现真实的物体形状。

（9）统一采样。单击图标，进入"统一采样"对话框，在输入值中选择绝对间距再输入 0.4 mm，曲率优先拉到中间，单击"应用"按钮。在保留物体原来面貌的同时减少点云数量，便于删除重叠点云、稀释点云。

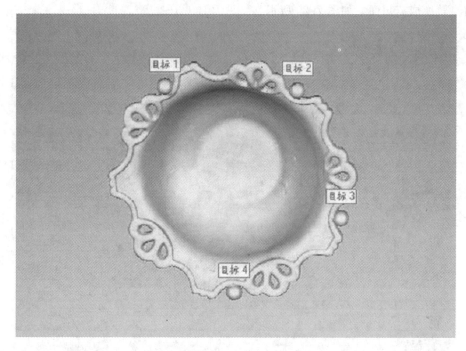

图 7.27   目标注册

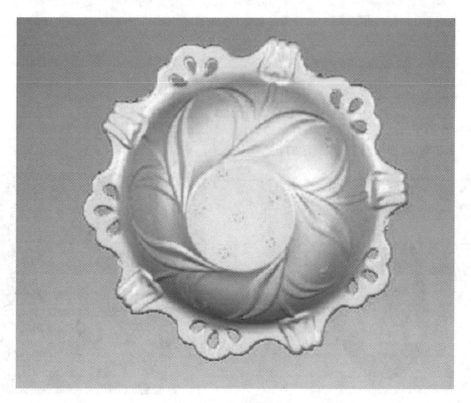

图 7.28   清除目标球体

注意   如果数据较大或计算机配置较差,采样命令运行很久,则可按下 Esc 键退出执行。

(10) 封装。单击图标 ,进入"封装"对话框,再单击"确定"按钮,软件将自动计算。该命令将点转换成三角面。如图 7.29 所示。

图 7.29　盘子模型

7.3.2　封装模型修复

打开如图 7.30 所示的鼠标封装模型,选择合适的视图。

1. 填充孔

旋转对象,找到如图 7.31 所示的孔。

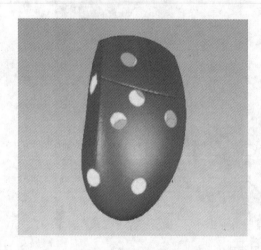

图 7.30　鼠标封装模型

图 7.31　填充孔

(1) 单击"多边形"→"填充孔"→"填充单个孔"。

(2) 光标移动到孔,当边界变红时,单击边界来填充孔。

利用相同的方法,填充其他的孔。

2. 砂纸

(1) 在 Ribbon 界面单击"多边形"→"平滑"→"砂纸"。

(2) 设置操作为快速光顺,设置强度滑块到左边最小值。移动光标到如图 7.32 所示的一处粗糙区域,按住左键,一个圆形的光标出现,标志着开始平滑了。在这个区域来回的移动光标就好像操作者的拇指在一个泥塑模型上来回的移动。

(3) 试着找到其他区域使用松弛参数和调整强度滑块来平滑它们,当一处平滑完后移动到另外一处。

同样,可单击"多边形"→"平滑"→"松弛",降低三角形面片的偏离。

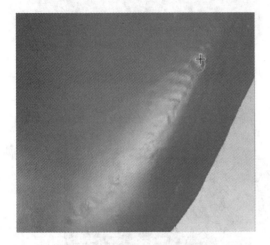

图 7.32　用砂纸平滑图中粗糙的区域

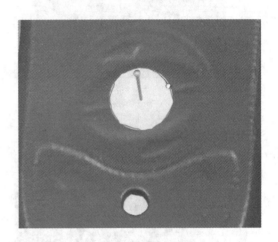

图 7.33　拟合孔

3. 拟合孔

创建拟合孔是用一个指定半径的圆来进行边界裁剪。当一个绿色的边界被修复后,会变成一个葡萄红颜色的边界。

(1) 单击"多边形"→"边界"→"修改"→"创建/拟合孔"。

(2) 选择拟合孔的单选按钮。

(3) 单击一个孔的边界(绿色边界),如图 7.33 所示,一个代表法向的箭头出现在屏幕,同时这个孔的半径被探测到。

(4) 设置半径参数为 8 mm,然后按下回车键观察新的尺寸的孔。单击"执行"按钮,一个指定尺寸的孔就生成了。

4. 将边界投影到平面

(1) 将边界投影到平面是一个将边界伸直的方法,放置视图,如图 7.34(a)所示。

(2) 单击"多边形"→"边界"→"移动"→"将边界投影到平面"。

(3) 单击底部的边界,当选中后边界会变成白色,如图 7.34(a)所示。

(4) 单击定义平面,激活出现对齐平面栏。

① 在"定义"下拉菜单里选择三个点,然后选择鼠标底面上三个点,拟合出一个平面,如图 7.34(b)所示。

② 为了让边界能够投影,必须移动这个平面,把位置参数更改为 3 mm,然后按下回车键,

更新这个平面的位置,如图7.34(c)所示。

(5)单击"应用"按钮,边界就投影到了这个平面上,如图7.34(d)所示,单击"确定"按钮退出对话框。

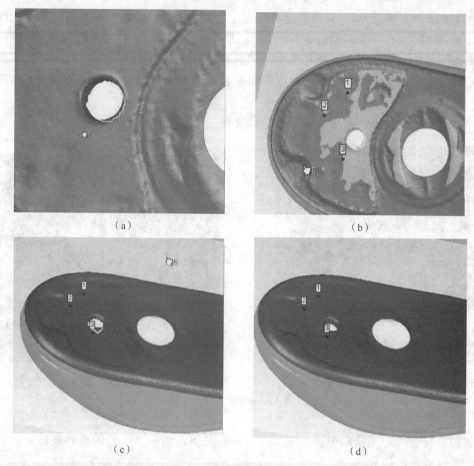

(a)   (b)

(c)   (d)

图 7.34　将边界投影到平面

5. 伸出边界

"伸出边界"操作能够在任何封闭的边界上进行。

(1)在 Ribbon 界面上单击"多边形"→"边界"→"移动"→"伸出边界"。

(2)选择"深度"选项,单击图7.34中左边小孔的边缘,输入5 mm。

(3)勾选上封闭仰视勾选框。

(4)单击"应用"按钮,伸出边界操作的效果如图7.35所示。

6. 维护

使用网格医生来检查错误是一个非常好的习惯。

(1)在 Ribbon 上单击"多边形"→"修复"→"网格医生"。

(2)单击"应用"按钮修复任何发现的错误。可以多次执行网格医生命令,以修复存在的错误,直至错误数为0。

(3)单击"确定"按钮退出对话框。

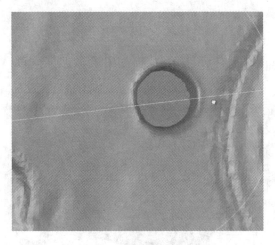

图 7.35　伸出边界操作的效果

7. 简化

（1）多边形修复后会变得密集且计算变得缓慢，可以使用"简化"命令来改善。"简化"命令是减少三角形数量的操作，当执行时，三角形的结构后发生变化。

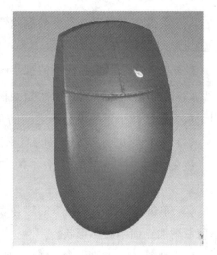

在 Ribbon 界面单击"多边形"→"修复"→"简化"命令。这个命令和"统一采样"非常相似，它提供减少和曲率优先来保留高曲率部分的密度。"简化"命令也能帮助平滑一个多边形对象的低曲率部分区域。

（2）减少百分比是简化三角形的数量。在减少到百分比参数输入 70，然后按下回车键，目标三角形数量将会自动更新。

（3）单击"应用"按钮，在左下角的当前三角形的数量由原来的 273 139 变为 191 197。经简化后的鼠标模型如图 7.36 所示。

注意　简化会减少曲面化的计算时间，在进入曲面阶段前的最后一个步骤应该使用这个命令。如果一个零件已经高度简化了，可以使用"细化"命令对多边形来执行相反的功能，即细分三角形。简化会移除和改变结

图 7.36　简化后的鼠标模型

构点，因此不推荐在"Geomagic Qualify"中使用此命令。建议在封装之前的点阶段使用"统一采样"命令。

7.3.3　参数化曲面

参数化曲面阶段，即 Geomagic Fashion 阶段，它是从多边形阶段转化后经过一系列的技术处理，得到理想的 CAD 曲面模型。其主要的处理技术是：首先根据曲面的曲率变化生成轮廓线，并对轮廓线进行编辑达到理想效果，通过轮廓线的划分将整个模型分为多个曲面；其次根据轮廓线进行延伸并编辑，通过对轮廓线的延伸，完成各个曲面之间的连接，最后对各个曲面进行拟合，得到最后的 CAD 曲面。

参数化曲面操作步骤如下。

1. 打开素材文件

启动 Geomagic Studio13 软件后,打开文件,如图 7.37 所示。该模型为铸件点云,包含了 20 万个三角形。

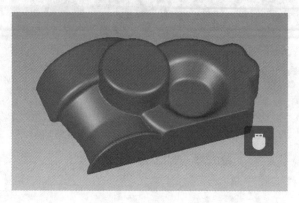

图 7.37　铸件点云

2. 优化三角形

(1)单击多边形工具栏下的删除钉状物图标 ,单击"应用"按钮。该命令用于检测并展平多边形网格上的单点尖峰。

(2)单击多边形工具栏下的减小噪声图标 ,单击"应用"按钮。

(3)单击多边形工具栏下的松弛图标 ,将强度拉至第二格,单击"应用"按钮。该命令用于最大限度减小单独多边形之间的角度,使多边形网格更加光滑。

(4)单击多边形工具栏下的简化图标 ,在减少到百分比栏输入 70%,单击"应用"按钮。该命令用于减少三角形数量但不影响其细节,选中固定边界将在边界区域保留更多三角面。

(5)单击多边形工具栏下的增强表面啮合图标 ,单击"应用"按钮。该命令用于在高曲率区域增加点而不破坏形状。

(6)保存 STL 文件。在左边管理器面板中用右键单击" 1-缝合模型",选择"保存"选项,弹出保存对话框,输入文件名"1",保存类型选择"STL(binary)"后,单击"保存"按钮。

3. 构造参数化曲面

单击参数化曲面工具栏下的构造参数化曲面图标 ,弹出对话框,单击"确定"按钮进行 fashion 阶段。

4. 检测区域

单击参数化曲面工具栏下的检测区域图标 ,单击"计算"系统将自动划分分隔符(曲率带),最后单击"抽取"完成对轮廓线的提取(见图 7.38),单击"确定"按钮退出命令。若出现分隔符交叉,则按住 Ctrl 键+蜡笔工具进行清理;若红色分隔符不均匀,必须使用蜡笔工具进行补选,不然后期拟合会出问题。若需要增加分隔符,需按住 Shift 键,单击探测曲率的一侧,拖住并在另一侧松开。若需要删除分隔符,需按下 Shift 键+Ctrl 键来合并区域。在"显示"下选

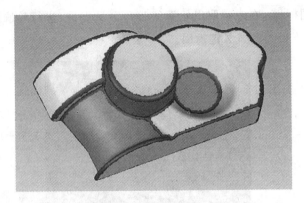

图 7.38　检测区域

中"曲率图"将有助于编辑分隔符。

5. 编辑轮廓线

（1）单击参数化曲面工具栏下的编辑轮廓线图标 ，勾选显示栏的"曲率图"，拖动错误点到正确位置（高曲率带），如图 7.39 所示。若需增加节点，则需按下 Esc 键并单击轮廓线。

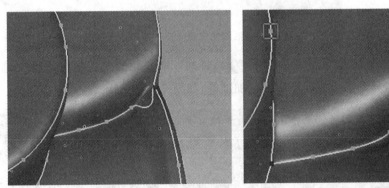

（a）编辑轮廓线（前后）1

（b）编辑轮廓线（前后）2

图 7.39　编辑轮廓线

（2）单击抽取图标![icon]，在未抽取出轮廓线尖角区域点选，进行轮廓线抽取，如图 7.40 所示，若抽取错误可按下 Ctrl 键＋Z 键返回。

图 7.40　抽取轮廓线

（3）再次切换到绘制状态（点击绘制图标![icon]），将抽取线和轮廓线连接在一起（绘制轮廓线），并调节节点位置（移动顶点），使轮廓线更加准确，如图 7.41 所示。

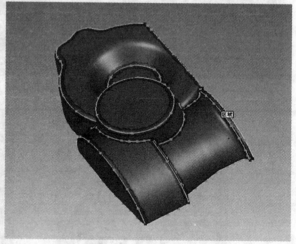

图 7.41　绘制轮廓线

（4）单击修改分隔符图标![icon]，单击更新分隔符，赋予新建轮廓线的分隔符。最后单击退出命令。完成探测区域后，将进行自动分类。在进行分析定义区域的几何形状后，区域和连接将大致被自动分类成不同的主曲面类型和连接面类型。

6. 区域分类

先选中系统误认的区域，单击参数化曲面工具栏下的区域分类图标![icon]，重新指定其曲面类型,将中间顶面指定为平面,将深绿色的球面指定为平面①,将红色的异形面指定为圆柱面,如图 7.42 所示。

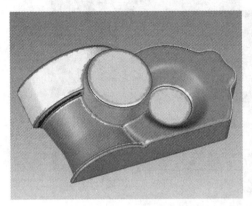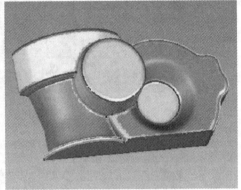

图 7.42　指定曲面类型

7. 拟合曲面

先选中全部区域(全部拟合用 Ctrl 键+A 键,全部不选则用 Ctrl 键+C 键),再单击"参数化曲面"工具栏下的拟合曲面图标🔲,并单击"应用"按钮和"确定"按钮。若这时弹出错误对话框,则表示有些面拟合过程出现问题(误差较大的曲面用橘红色标记、有问题曲面用红色标记)。

如图 7.43 所示,发现有一区域呈现橘红色,表示这个面的拟合精度不够高,此时需要调整该回转面的拟合精度。

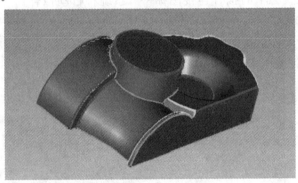

图 7.43　拟合曲面 1

先选中该面,再单击"参数化曲面"工具栏下的编辑剖面图标🔲,弹出横截线的拟合程度界面,如图 7.44 所示,黄色线为拟合线,两种蓝色线为点云线。将线段密度调至最大,单击"应用"按钮,若拟合得更加精确,单击"确定"按钮退出命令,此时,该回转面应该从橘红色面变为准确曲面的颜色,如图 7.45 所示。

8. 拟合连接面

先选中需拟合的连接区域(全部拟合用 Ctrl 键+A 键,全部不选用 Ctrl 键+C 键),再定义连接的类型:单击"参数化曲面"工具栏下的分类连接图标🔲,指定所有连接为恒定半径;再

---

① 本书为单色印刷,故插图中的颜色失真,在实际操作中是色彩分明的,特此说明。

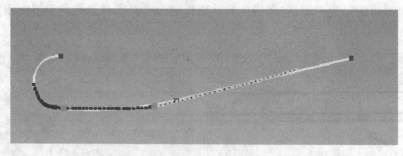

图 7.44 拟合曲面 2

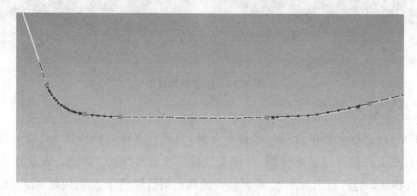

图 7.45 改变线段后

单击"参数化曲面"工具栏下的拟合连接图标，系统将自动拟合面与面之间的连接。如图 7.46 所示。

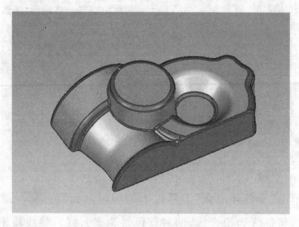

图 7.46 拟合连接面(倒圆)

9. 修复曲面

先选中有问题的曲面(全部选择用 Ctrl 键＋A 键，全部不选用 Ctrl 键＋C 键)，单击"参数化曲面"工具栏下的修复曲面图标，单击"全部"接受，最后单击"确定"按钮退出对话框。先不管倒圆出错的部分，在后续 UG 编辑中再进行优化。

10. 修剪并缝合

选中所有曲面和连接(Ctrl 键＋A 键)，单击"参数化曲面"工具栏下的修剪并缝合图标

，在生成对象中选择缝合曲面，单击"应用"按钮和"确定"按钮。此时在模型管理器中将出现一个以"缝合模型"命名的新的 CAD 对象。如图 7.47 所示。

图 7.47　CAD 曲面

11. 保存文件

在左边模型管理器中右键单击" 1-缝合模型"（CAD 模型），单击"保存"按钮，弹出保存对话框，输入文件名"1"，保存类型选择. iges 或. step 文件后，单击"保存"按钮。

12. 启动 UG 软件并打开文件

① 在桌面上双击或在开始菜单中选择并打开 UG NX 8.0 软件，进入 UG NX 8.0 的工作界面（见图 7.48）。

图 7.48　UG 软件的工作界面

② 单击"新建"按钮，弹出对话框。输入名字并选择文件目录后单击"确定"按钮（见图 7.49），再按 Ctrl 键＋M 键进入建模模块。如图 7.49 所示。

③ 单击"文件"→"导入"，弹出对话框，选择刚刚文件的保存目录后并选中"1. step"。

④ 单击"文件"→"导入"→"STL"，弹出对话框，选择最开始导出的 STL 文件，单位选择

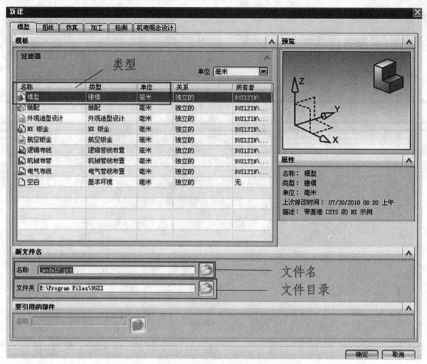

图 7.49　新建项目

"毫米"，导入后按下 Ctrl 键＋B 键隐藏点云。如图 7.50 所示。

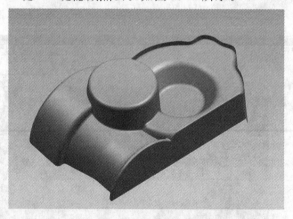

图 7.50　导入模型

13．抽取曲面

点击工具栏的抽取体图标⬛或选择"插入"→"关联复制"→"抽取体"，弹出该命令的对话框，再去选择需提取的曲面。抽取完所有面后，按下 Ctrl 键＋B 键隐藏导入的点云。最后提取出来的所有曲面，如图 7.51 所示。

14．延伸并裁剪曲面

单击工具栏的延伸曲面图标⬛或选择"插入"→"修剪"→"修剪与延伸"，弹出该命令的对话框，选择需延伸的边。

单击工具栏的裁剪曲面图标⬛或选择"插入"→"修剪"→"修剪片体"，弹出该命令的对话

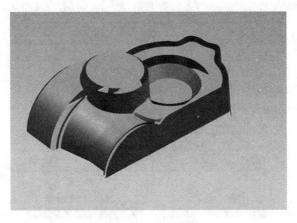

图 7.51   提取曲面

框,首先选中保留曲面,再选择边界曲面进行裁剪,延伸并裁剪后的效果如图 7.52 所示。

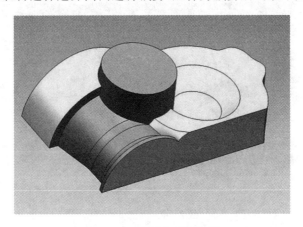

图 7.52   延伸并裁剪曲面

　　注意   裁剪曲面时边界曲面必须形成封闭区域。延伸及裁剪的详细操作,这里不再赘述,延伸和裁剪需分区域操作,便于观察。

　　15. 缝合曲面

　　单击工具栏的缝合曲面图标![icon]或选择"插入"→"组合"→"缝合",弹出该命令的对话框,先选择目标曲面,再选中所有工具曲面,单击"应用"按钮和"确定"按钮,系统将封闭的曲面缝合为实体。

　　16. 倒圆

　　显示点云(按下 Ctrl 键＋Shift 键＋K 键,在选择青色的点云)。单击工具栏的倒圆图标![icon]或选择 "插入"→"细节特征"→"边界倒圆",弹出该命令的对话框。选择顶部的边界进行倒圆,在对话框中单击 "预览"按钮,便可看见倒圆与点云的贴合程度,不断修改半径值,直到点云均匀分布,如图 7.53 所示。

　　以同样的方式将其他的边界倒圆,最后的效果如图 7.54 所示。

　　17. 保存文件

　　单击工具栏的保存图标![icon]或选择"文件"→"保存",系统将保存文件到指定目录,也可导

图 7.53 倒圆 1

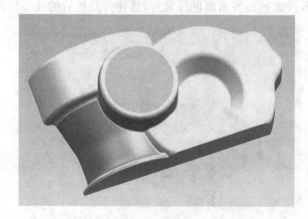

图 7.54 倒圆 2

出. step、. iges 等文件。

任务4 三 维 测 量

7.4.1 Geomagic Qualify 三维测量软件认知

1. Geomagic Qualify 的主要功能

(1) 分析测量实体对象，并立即与数字模型进行比较，可对多种硬测头、扫描仪测量流程及多种设备提供全面支持。

(2) 集成 CAD 文件导入、导出接口，支持 CATIA、UG、SolidWorks 及 CreoElements/Pro（前身为 Pro/Engineer），支持业界标准格式，如. step、. iges 等格式。

(3) 自动探测并检测几何特征，如球面、平面、圆锥、圆柱、槽、孔与点等。

(4) 通过扫描零件与现有数据比较，提供完整的注释、尺寸标注、GD&T 形位公差分析，以及误差须状图。

(5) 输出详细的检测报告，附上检测数据、多种视图、注释及结论。

（6）具有完整而自动化的报告工具，能快速创建标准格式的结论报告。

2. Geomagic Qualify 工作流程

（1）扫描或硬测头测量。从实物上采集需要测量或需要与参考模型比对的三维点云或硬测头数据。

（2）分析。使用 Geomagic Qualify 软件快速准确的测量分析工具，快速知晓发生偏差的位置并添加标注。

（3）报告。立即生成多种格式的报告显示分析测量和比对的数据。

7.4.2 Geomagic Qualify 软件测量应用及报告生成

1. 三维立体测量

（1）在 Geomagic Qualify 软件中同时打开扫描点云文件（后缀为.asc）和 CAD 文件（见图 7.55）。

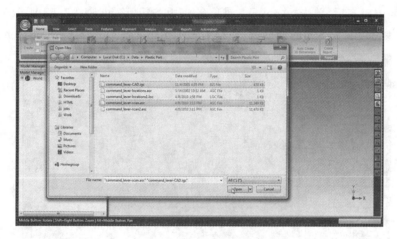

图 7.55 打开点云文件和 CAD 文件

（2）打开后的 CAD 模型为参考对象，扫描模型为测试对象，打开后的模型显示如图 7.56 所示。

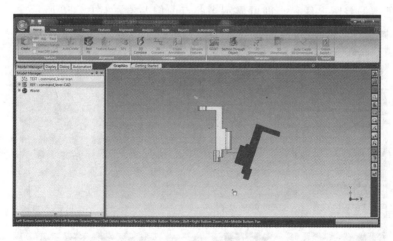

图 7.56 打开后的模型显示

（3）运行自动特征指令，使测试对象与 CAD 对象按特征进行匹配对齐，如图 7.57 所示。

图 7.57　进行自动特征匹配对齐

（4）特征匹配对齐后，单击"Apply"三维比较应用按钮，将出现图 7.58 所示色谱偏差图。模型上显示的颜色代表了不同的偏差值，即扫描三维实体与参照三维 CAD 实体的偏差。

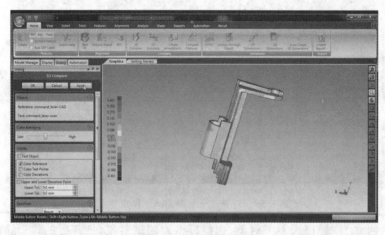

图 7.58　色谱偏差图

（5）单击色谱偏差图上任一点即可显示当前点的偏差值，如图 7.59 所示。

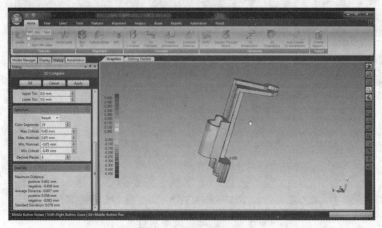

图 7.59　显示偏差值

2. 平面二维测量

(1) 单击"2D Compare"按钮,选取一个平面,穿过实体,如图 7.60 所示。

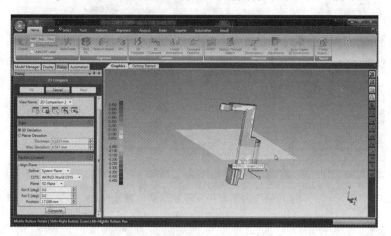

图 7.60 平面截取进行二维测量

(2) 单击"Compute"按钮进行计算,通过设置实际色谱偏差上、下限,名义公差上、下限,须状显示比例等参数,得到参考 CAD 实体模型与扫描实体模型截面尺寸须状偏差图,如图 7.61 所示。

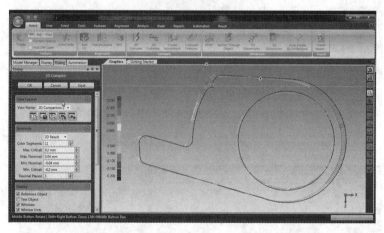

图 7.61 CAD 模型与扫描模型截面尺寸形状偏差图

(3) 选取截面图上任一点,即可显示实际点相对理想点的位置偏差,如图 7.62 所示。

3. 形状位置公差检测

(1) 在 CAD 模型上,设置位置公差,如图 7.63 所示,设置 CAD 模型上一圆柱面轴线平行度公差。

(2) 选取被测模型相同位置,如图 7.64 所示,可检测平行度误差数值,并给出是否合格的判断。

(3) 在 CAD 模型上设置形状公差。如图 7.65 所示,在 CAD 模型上设置一圆柱面轮廓度公差。

对实际模型轮廓度进行判断,检查其是否符合公差范围。如图 7.66 所示,显示轮廓度超差的位置,并在图形下方显示测量结果数据。

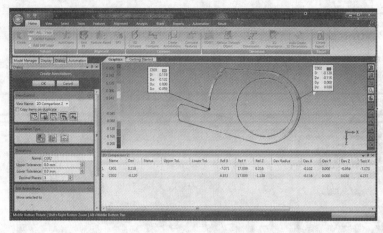

图 7.62 实际点相对理想点的位置偏差

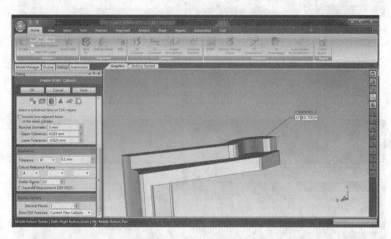

图 7.63 在 CAD 模型上设置位置公差

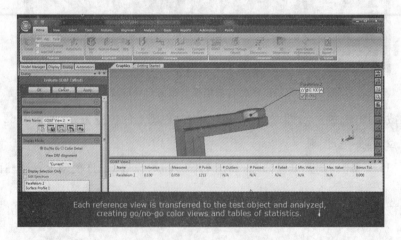

图 7.64 在实际模型上检测位置误差

4. 截面尺寸检测

选择穿过实体的任一截面,如图 7.67 所示。选取截面上不同位置进行测量,截面尺寸数

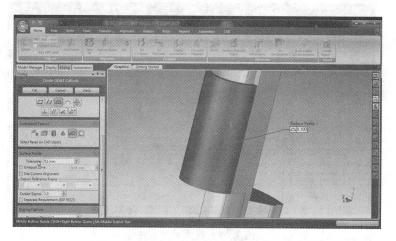

图 7.65　在 CAD 模型上设置形状公差

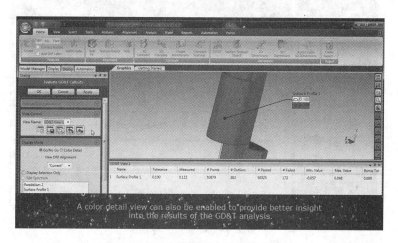

图 7.66　在实际模型上检测形状误差

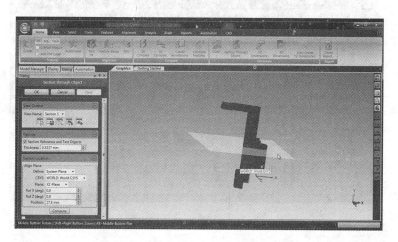

图 7.67　选取平面进行截面尺寸检测

值将直接标注在截面上，并在截面下方显示测量结果，如图 7.68 至图 7.70 所示。

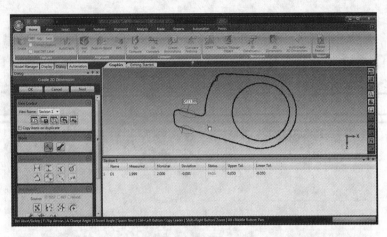

图 7.68　截面尺寸标注 1

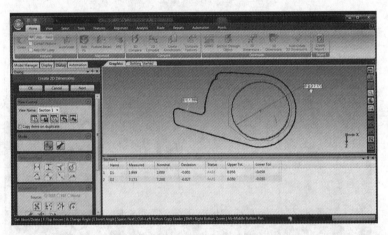

图 7.69　截面尺寸标注 2

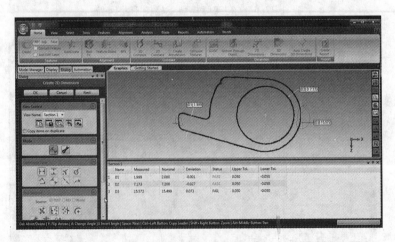

图 7.70　截面尺寸标注 3

5. 报告输出

运用 Geomagic Qualify 的报告输出功能,将对之前测量结果进行报告分析,并以文档的形式保存下来。如图 7.71 至图 7.74 所示,分别为 3D 色谱偏差图、3D 偏差比较分析、二维截面偏差分析、二维尺寸分析等,均反映在最终检测报告当中。

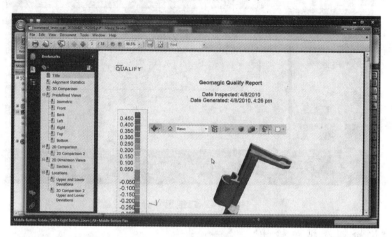

图 7.71　3D 色谱偏差图

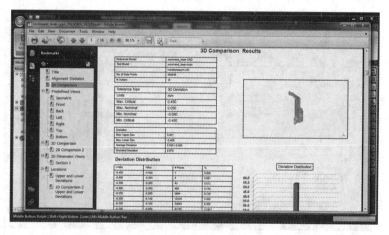

图 7.72　3D 偏差比较分析

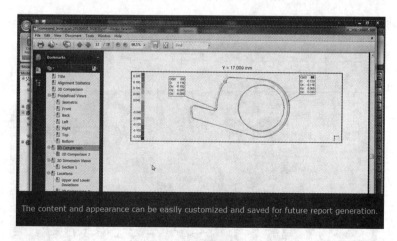

图 7.73　二维截面偏差分析

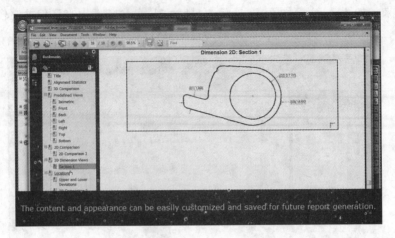

图 7.74　二维尺寸分析

6. 自动化检测及报告输出

选择打开另外一个被测实体,如图 7.75 所示。

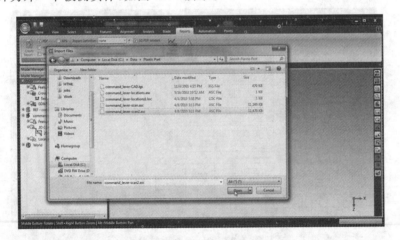

图 7.75　选择另一个实体测量对象

运行自动化检测功能,如图 7.76 所示。

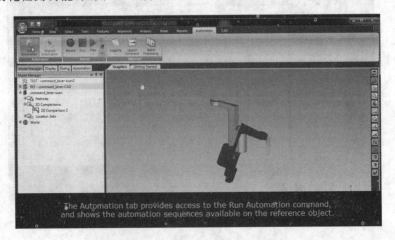

图 7.76　运行自动化检测功能

单击"Apply"应用按钮,将对新的扫描点云数据模型进行同样的测量,如图 7.77 所示。

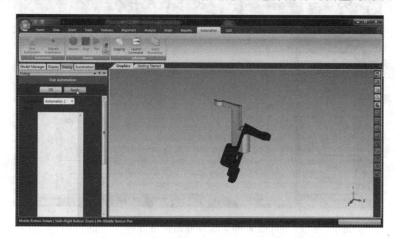

图 7.77　对新扫描模型进行自动测量

最终生成数据报告并自动保存为文档格式,如图 7.78 至图 7.81 所示,分别为 3D 色谱偏差图、3D 偏差比较分析、二维截面偏差分析、二维尺寸分析等。

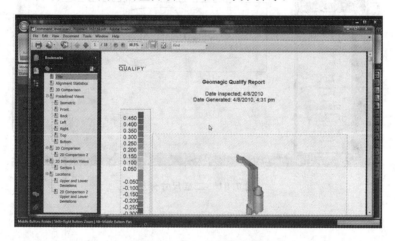

图 7.78　3D 色谱偏差图

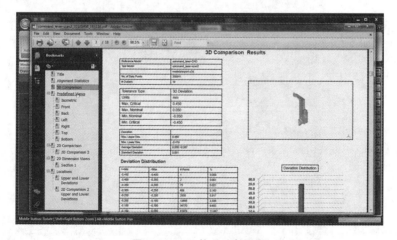

图 7.79　3D 偏差比较分析

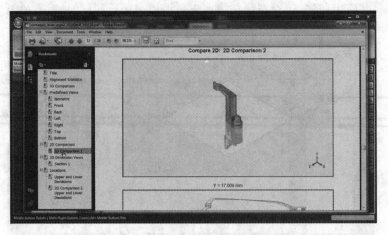

图 7.80　二维截面偏差分析

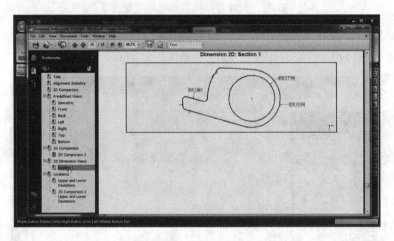

图 7.81　二维尺寸分析

项目 8　三坐标测量

任务 1　三坐标测量机认知

8.1.1　三坐标测量机的结构

三坐标测量机一般由主机(包括光栅尺)、控制系统、软件系统及测头所组成,如图 8.1 所示。按结构类型不同,三坐标测量机可分为桥式三坐标测量机(见图 8.2)、悬臂式三坐标测量机(见图 8.3)、龙门式三坐标测量机(见图 8.4)和水平臂式三坐标测量机(见图 8.5)。

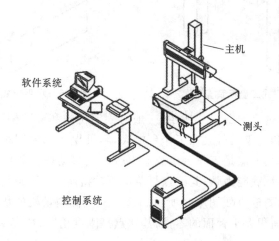

图 8.1　三坐标测量机的基本组成

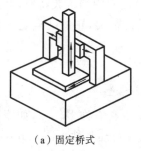
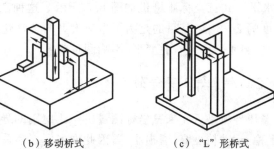

（a）固定桥式　　　　　　　（b）移动桥式　　　　　　　（c）"L"形桥式

图 8.2　桥式三坐标测量机

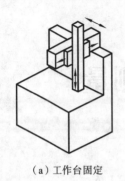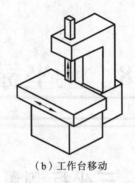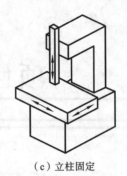

（a）工作台固定　　　　　　（b）工作台移动　　　　　　（c）立柱固定

图 8.3　悬臂式三坐标测量机

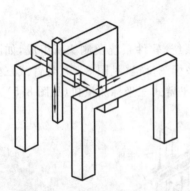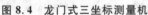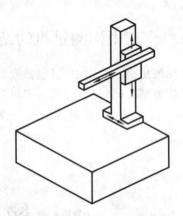

图 8.4　龙门式三坐标测量机　　　　图 8.5　水平臂式三坐标测量机

（1）桥式三坐标测量机如图 8.2 所示，一般有固定桥式和移动桥式两种。固定桥式的优点是刚度好，驱动系统和光栅尺可放在工作台中央，阿贝误差和偏摆小，x 轴向和 y 轴向的运动相互独立，互不影响；其缺点是工作台承载能力较小。移动桥式的优点是装卸工件时，横梁可移到一端，操作方便，承载能力强；其缺点是单边驱动扭摆大，光栅偏置阿贝误差大。

（2）悬臂式三坐标测量机如图 8.3 所示。这种三坐标测量机的优点是工作台开阔，装卸工件方便，且可放置底面积大于台面的零件；其缺点是刚度稍差，精度受影响，设计时应注意补偿变形误差。

（3）龙门式三坐标测量机如图 8.4 所示。这种三坐标测量机刚度好，制造精度相对容易达到，适合于大尺寸零件的测量。

（4）水平臂式三坐标测量机如图 8.5 所示。这种三坐标测量机的结构较特殊，其底座的长度是宽度的 2～3 倍，其目的是为了适应大型的自动化生产线的需要，它的缺点是 y 轴的刚度难以提高，自重会产生弯曲变形，影响测量精度。

8.1.2　气浮静压导轨

气浮静压导轨是近年来三坐标测量机广泛使用的导轨形式。它有许多优点，如摩擦系数小、工作平稳、运动精度高、磨损小等，因此许多厂家都采用了气浮静压导轨。图 8.6 所示为德国 Leitz 公司生产的 PMM 型精密三坐标测量机，其中，x、y、z 三个坐标轴方向的运动导轨都应用了空气静压导轨。

PMM 型精密三坐标测量机为固定桥式三坐标测量机，其布局如图 8.6 所示。辉绿石工

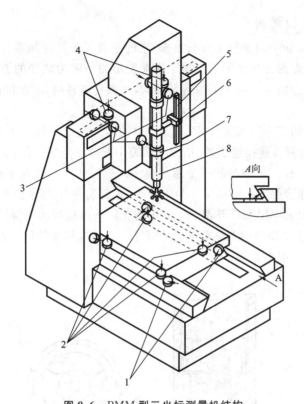

图 8.6 PMM 型三坐标测量机结构
1—侧向气垫;2—支承气垫;3,4,7—空气轴承;5—辅助导轨;6—气垫;8—轴

作台作 x 轴向运动,它和 y 轴向滑座以及 z 轴向主轴都在预应力空气轴承上滑动,受到的摩擦力很小。气垫上有大量直径极小的喷嘴孔提供 0.5 MPa 气压的空气。辉绿石表面平面度很高,微量的不平整可由气垫的平均效应补偿。高压空气容易清除积尘,同时也消除了可能导致测量误差的摩擦热。为支撑工作台,x 轴向导轨由 4 个支承气垫 2、4 个侧向气垫 1 以 60°角的布局构成气浮燕尾导轨,产生一个向下的垂直分力,形成了支承轴承的预应力。在这种布置中,预应力不仅来自移动部件的重力,而且来自附加的轴承分力,因此可以选较大面积、较高气压的支承气垫 2,从而提高了支承气垫的刚度,使工作台在不对称载荷下仍能平稳地运动,保持良好的运动精度。

y 轴向滑座由两个相距较远的空气轴承 4 支承在辉绿石横梁上。前面和背面各配有 3 个空气轴承 3,作为 y 轴向滑座在横梁上的导向支承,它们形成两个对置的大三角形支承面,以防滑座运动产生的惯性力导致滑座倾斜。

z 轴轴套以两个自定中心的环形空气轴承 7 导向,靠这两个轴承保证它在轴线方向的精确运动。为防止 z 轴 8 围绕自身转动,设置了辅助导轨 5 与气垫 6。

8.1.3 三坐标测量机测头

在现今的三坐标测量机上,各类三坐标测头中使用最多、应用范围最广的是电气测头。电气测头多采用电触式开关、电感器、电容器、应变片、压电晶体等作为传感器来接收测量信号,可以达到很高的测量精度。按照功能,电气测头可分为:① 开关测头,它只作瞄准之用;② 扫描测头,既可进行瞄准,又具有测微功能。

1. 触发测头与扫描测头

触发测头(trigger probe)又称为开关测头,它的主要任务是探测零件并发出锁存信号,实时锁存被测表面坐标点的三维坐标值。触发测头发出的一般为跳变的方波电信号,利用电信号的前缘跳变作为锁存信号。由于前缘信号很陡,一般在微秒级,因此保证了锁存坐标值的实时性。

电触式开关测头的结构形式很多,图 8.7 所示的即为其中一例。测头主体是由主体 3 及底座 10 通过三根防转杆 2 连接组成的,用三个螺钉 1 拧紧而连成一体。测杆 11 装在测头座 7 上,测头座 7 的底面上有 120°均布的三个圆柱体 8。圆柱体 8 与装在下底座上的六个钢球 9 一配二,组成三组钢球接触副。测头座 7 为半球形,顶部有一压力弹簧 6 向下压紧,使三组接触副自位接触,弹簧力大小用螺杆 5 调节。为了防止测头座在运动中绕轴向转动,从而设置了防转杆 2。测头座 7 上的防转槽与防转杆之间有较大间隙,只要能防止产生大的扭转错位即可。电路导线由插座 4 引出。

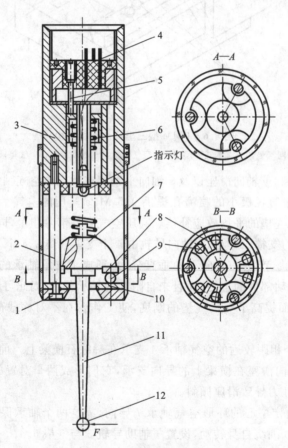

图 8.7 电触式开关测头
1—螺钉;2—防转杆;3—主体;4—插座;5—螺杆;6—弹簧;
7—测头座;8—圆柱体;9—钢球;10—底座;11—测杆;12—测端

电触式开关测头的工作原理相当于零位开关,一般都具有三组钢球接触副。当三组接触副均接触时,它们将底座 10 上的印制线路接通,这时指示灯熄灭。当测端 12 与被测件接触时,在外力的作用下,测头座 7 发生位移或偏转,此时三组钢球接触副至少有一组脱开,发出过零信号,表明原先的通路变为断路,指示灯点亮。当测端 12 与被测件脱离后,外力消失,由于弹簧 6 的作用,测头座 7 回到原始位置。

扫描测头(scanning probe)又称为比例测头或模拟测头,此类测头不仅能作触发测头使用,更重要的是能输出与探针的偏转成比例的信号(模拟电压或数字信号),由计算机同时读入探针偏转及测量机的三维坐标信号(当做触发测头使用时,则锁存探测表面坐标点的三维坐标值),以保证实时得到被探测点的三维坐标。由于取点时没有测量机的机械往复运动,因此采点率大大提高。扫描测头用于离散点测量时,由于探针的三维运动可以确定该点所在表面的法矢方向,因此更适合曲面的测量。

2. 接触式测头与非接触式测头

接触式测头(contact probe)指需与待测表面发生实体接触的探测系统,而非接触式测头(non-contact probe)指不需与待测表面发生实体接触的探测系统,例如光学探测系统。

3. 测头选用注意事项

(1) 在可以选用接触式测头的情况下,慎选非接触式测头;
(2) 在只测尺寸、位置要素的情况下,尽量选择接触式触发测头;
(3) 考虑成本又能满足要求的情况下,尽量选择接触式触发测头;
(4) 对形状及轮廓精度要求较高的情况下选用扫描测头;
(5) 扫描测头应当可以对离散点进行测量;
(6) 考虑扫描测头与触发测头的互换性(一般用通用测座来达到);
(7) 易变形零件、精度不高零件、要求超大量数据零件的测量,可以考虑采用非接触式测头;
(8) 要考虑软件、附加硬件(如测头控制器、电缆)的配套。

8.1.4 标定

在尺寸测量中,实际上影响测量结果的不仅有测端直径 d_0,而且有测杆的变形。在测量工件尺寸时,测头从不同方向对工件进行探测,测杆变形的影响不是互相抵消,而是互相叠加。由图 8.8 可以看到,在测量外尺寸情况下,测头的实际位移量 l' 总是比测杆不变形情况下的位移量 l 小。而在测量内尺寸时,情况正好相反,测头的实际位移量 l' 总是比 l 大。测杆的变形使需要引入测端直径修正量,即减小了两倍的测杆变形量 $2f$。引入修正量的测端直径为 d,称为测端的作用直径。

对于外尺寸测量,则有

$$d = d_0 - 2f \qquad (8.1)$$

式中:d_0 为测端实际直径;d 为测端作用直径;f 为测杆挠曲变形量。

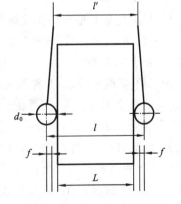

图 8.8 外尺寸测量作用直径

三坐标测量机的位移量 l 是被测尺寸 L 与测端等效直径 d 的和(测外尺寸)或差(测内尺寸),因此测端等效直径的标定就具有十分重要的意义。标定测端等效直径的方法十分简单,用测头从尺寸经过标定的标准球或量块的两侧对它进行探测(见图 8.9),坐标测量机移动量 l 与标准球或量块尺寸 L 之差即为测端等效直径 d。需要指出,由于测杆的弹性变形对测球的等效直径值有很大影响,因此更换测杆、加接长杆、接转接体或回转体转动角度后,都要对测端等效直径重新标定。为了提高检测精度,常对测端等效直径进行多次重复标定,然后取平均值。除给出它的平均值外,还应给出标定不确定度。

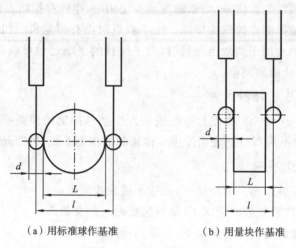

（a）用标准球作基准　　　　　　（b）用量块作基准

图 8.9　测端等效直径的标定

8.1.5　坐标系

在三坐标测量机上测量工件区别于传统测量工件的方法,其主要特点在于:除了测量空间大、精度高和通用性强以外,还有测量效率高。这来源于两个方面:一是三坐标测量机通常都具有数据自动处理程序;二是待测工件易于安装定位,不需要像传统仪器那样从物理上调整找正,费时费力,而是通过测量软件系统对任意放置的待测工件建立工件坐标系,测量时由软件系统进行坐标变换,实现自动找正。

1. 坐标系的类型

根据坐标系形成的先后顺序,通常三坐标测量软件中至少设有三个坐标系。

（1）机器坐标系,开机时以测头所在位置为原点,以 x、y、z 三个导轨方向为坐标轴所构成的直角坐标系。

（2）基准坐标系,又称绝对坐标系,它是以三坐标测量机工作台上一固定不变的点为基准建立的一个参考基准,使得在变换了测头,甚至在关机后重新启动的情况下,仍能根据它重新恢复各要素之间的位置关系。基准坐标系通常是通过测量一个固定在三坐标测量机工作台上的标准球,以它的球心为坐标原点所建立起来的坐标系,也可以是以三根光栅标尺的绝对零位,或限程装置作为各坐标轴原点而建立起来的坐标系。

（3）工件坐标系,这是在被测工件上建立起来的坐标系,是为了修正被测工件摆放误差而建立的坐标系。如前所述,它的作用等效于使用传统测量仪器在测量之前所作的精确找正。

现代的三坐标测量机软件,一般都允许用户同时建立多个工件坐标系,如 POSCOM 软件系统可建立无限多个工件坐标系(只要有足够的磁盘空间或内存),以满足用户测量的需要。

2. 坐标系的变换

所谓坐标系的变换就是求出新、旧坐标系中各点坐标的对应关系。如图 8.10 所示,设 $O'x'y'z'$ 和 $Oxyz$ 为新、旧直角坐标系,并已知 $O'x'$、$O'y'$ 和 $O'z'$ 三轴矢量在旧坐标系中的方向余弦如下:

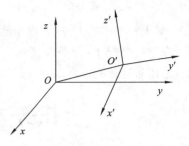

图 8.10 直角坐标系平移与旋转

$$O'x'=\{l_1,m_1,n_1\}, \quad O'y'=\{l_2,m_2,n_2\}, \quad O'z'=\{l_3,m_3,n_3\}$$

新坐标系原点 O' 在旧坐标系中的坐标为 (x_0,y_0,z_0)。令旧坐标系中任一点 $P(x,y,z)$ 在新坐标系中的坐标值为 $P'(x',y',z')$,由空间解析几何可知,P 与 P' 之间存在如下关系:

$$\begin{bmatrix} x' \\ y' \\ z' \end{bmatrix} = \begin{bmatrix} l_1 & m_1 & n_1 \\ l_2 & m_2 & n_2 \\ l_3 & m_3 & n_3 \end{bmatrix} \begin{bmatrix} x-x_0 \\ y-y_0 \\ z-z_0 \end{bmatrix} \tag{8.2}$$

用矩阵和矢量形式可简化表示为

$$P'=M(P-S) \tag{8.3}$$

其中,

$$P'=\begin{bmatrix} x' \\ y' \\ z' \end{bmatrix}, \quad P=\begin{bmatrix} x \\ y \\ z \end{bmatrix}, \quad S=\begin{bmatrix} x_0 \\ y_0 \\ z_0 \end{bmatrix}, \quad M=\begin{bmatrix} l_1 & m_1 & n_1 \\ l_2 & m_2 & n_2 \\ l_3 & m_3 & n_3 \end{bmatrix}$$

把 S 称为平移矢量,把 M 称为旋转矩阵。不难证明,坐标旋转矩阵 M 是单位正交矩阵,因此 M 的逆矩阵 M^{-1} 等于 M 的转置矩阵 M^{T},即有

$$M^{-1}=M^{T}$$

把这种用已知旧坐标系中的点坐标求新坐标系中点的对应坐标的坐标变换,称之为正变换,而把已知新坐标系中的点坐标求旧坐标系中点的对应坐标的变换,称之为逆变换。由式 (8.3)可得到逆变换公式为

$$P=M^{-1}P'+S=M^{T}P'+S \tag{8.4}$$

8.1.6 测量方法分类

1. 点到点测量

对于叶片的翼形或者一些模具内腔的检测,可以采用相对简单的利用触发式测头进行点到点测量的方法,然后将它们与蓝图或 CAD 模型进行比较。一些软件,如 PC-DMIS CAD 允许在测量程序中导入原始 CAD 模型,从而利用相应的名义数据矢量驱动三坐标测量机完成选定点的测量,然后用软件计算出在矢量方向的测量值和名义偏差。

2. 连续扫描测量

在需要大量数据点以反映工件表面特征时,使用点到点的测量方法就不太合适。在这种情况下,配备扫描测头完成空间测量是一种有效的方法。在扫描工作方式下,三坐标测量机能够自动完成工件空间外形的测量,同 CAD 数据相结合,能够对加工过程进行判断。根据工件的理论几何形状是否已确定,三坐标测量机可以使用两种不同类型的连续扫描方法。

3. 非接触测量

对于一些小的工件(含汽车缝隙检测)、软材料工件或者需要高效率完成大量数据点的采集,在这种情况下,配备非接触光学测头的三坐标测量机成为一种有效选择。在许多应用当中,采用非接触测头可以使得三坐标测量机能够快速、精确地完成复杂形状的检测任务。

任务 2 接触式三坐标测量

8.2.1 测头管理操作

1. 三坐标测量机测头体

TF56 测头体如图 8.11 所示。TF56 可选的附件包括一大套 CCT-1 测头、一小套 CCT-1 测头、一根 127 mm 加长杆、一根 254 mm 加长杆、一根 U06 带线万向接杆。

2. 三坐标测量机的测尖类型

一组测尖与 CPEI 标准的点到点电测头,在杆的端部所用的红宝石球的圆度可达 0.25 μm。测尖类型如图 8.12～图 8.16 所示。

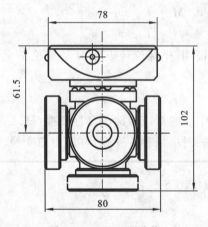

图 8.11 TF56 测头体

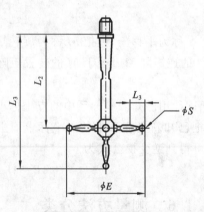

图 8.12 星形测尖

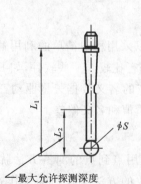

图 8.13 直测尖

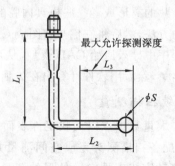

图 8.14 直角测尖

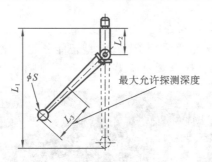

图 8.15　铰接测尖

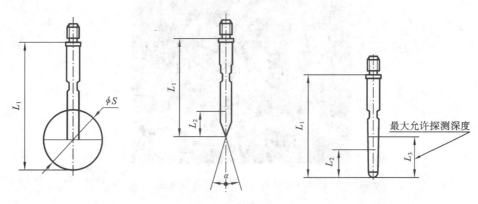

图 8.16　特殊测尖

3. 三坐标测量机的测头组合

三坐标测量机的测头组合如图 8.17 所示。

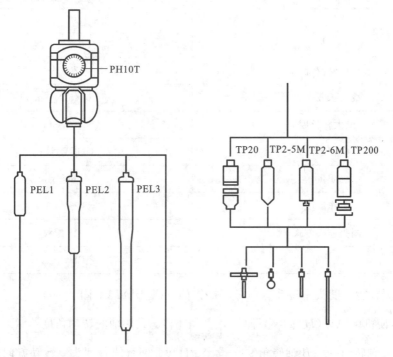

图 8.17　三坐标测量机测头组合

4. 三坐标测量机的智能分度头

如图 8.18 所示,三坐标测量机采用 PH10T 型智能分度头座,可在水平轴(A 轴)、竖直轴(B 轴)实施定向转动测量,其具体参数参见表 8.1。

图 8.18 PH10T 型智能分度头座

表 8.1 智能分度头座

性 能 指 标		PH10T 型智能分度头座
单轴重复性		0.5 μm
动作时间		2.5 s(7.5°),3.5 s(90°)
转角范围	水平轴(A 轴)	0°~105°(7.5°/步)
	竖直轴(B 轴)	±180°(7.5°/步)
可变位置		720 个
最大承载力矩		0.45 N·m
最大杆长度		300 mm
应用范围		CNC 测量机
质量		645 g
工作温度		10~40℃
测头连接方式		M8 螺纹
控制器		PHC10-2

PH10T 型智能分度头座转动方向练习操作如下(见图 8.19、图 8.20)。

① 开机,使机床原点(H)回零,即单击 🔲₁,输入 A、B 轴的转动角度 ⬛。

② 输入 A 轴转角 30°,B 轴转角 90°,设定 PH10T 型智能分度头座转动方向。

图 8.19　A 轴 30°，B 轴 90°

图 8.20　A 轴 90°，B 轴－180°

③ 输入 A 轴转角 90°，B 轴转角－180°，设定 PH10T 型智能分度头座转动方向(注意最小角度为 7.5°)。

5. 三坐标测量机的测头标定(根据需要标定角度)

在测量过程中，必须获得测尖动态半径和测尖偏置量，为此必须对选用配置的测尖利用标准球进行标定(见图 8.21)，标定分两个步骤。

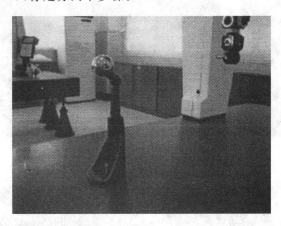

图 8.21　利用标准球标定

(1) 标准球应该被牢固地安装在工作台面上，并且保证该操作可确定出其他测尖的动态半径及偏移值(由系统计算出)。

(2) 单击标准球图标进行标定，屏幕将显示如图 8.22 所示标定参数窗口，具体操作如下。

① 输入标准球直径 $D=50.8056$(确定出测尖动态的半径及测尖的偏置量)。

② 输入测头偏置量(毫米级精度)即在三个坐标轴方向上测头体中心到测尖中心的距离：$x=0；y=0；z=150$。

如果输入的测量参数全部正确的话，就可单击"OK"按钮开始采点。

(3) 标定标准球(采五个点)。

① 选择角度 1：A 轴 0°，B 轴 0°，PH10T 型智能分度头座转动后，采样点要尽量均匀分布在球体表面。第一点采在球顶端(测头垂直于球)，在赤道圆周线上均匀采四个点(需要的话还可在回归圆周线上再采四个点)，如图 8.23 所示。

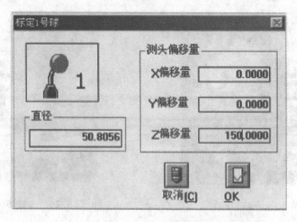

图 8.22　标定参数窗口

（a）第一点

（b）第二点

（c）第三点

（d）第四点

（e）第五点

图 8.23　标准球 5 点标定

　　② 选择角度 2：A 轴 90°，B 轴－90°，PH10T 型智能分度头座转动后采点（采点方法同上）。注意：测头方向全部标定完成后存储。如图 8.24 所示。

图 8.24　改变测头角度再次标定

8.2.2　建立零件坐标系

1. 建立零件参考坐标系

1）概述

建立零件参考坐标系须遵循的原则：先校正测头（标定），后建立坐标系。

把被测零件放置工作台面上，便可开始零件测量过程（零件安放不受机床参考系的约束）。如图 8.25、图 8.26 所示。

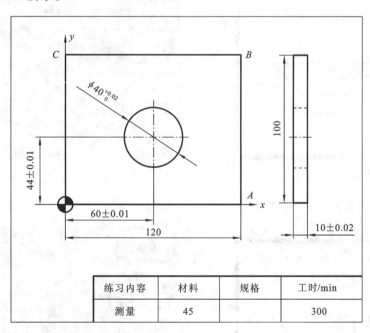

练习内容	材料	规格	工时/min
测量	45		300

图 8.25　测量图样 1

2）建立零件参考坐标系类型

一般可用宏过程和自由学习过程两种方法建立零件参考坐标。

（1）在应用宏过程的方法建立零件参考坐标系时，有四个建立参考系的宏过程供选择。根据零件特征在宏过程当中任选其一来找正新参考系中两个轴。在选定宏过程后，对相应几

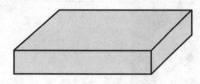

图 8.26　被测工件

何元素进行测量,测量完成,可进行找正轴和(或)原点设置。

　　① 单击一个平面和一条直线(见图 8.27)。单击一个几何元素图标(即一个宏过程)以创建一个零件参考坐标系,屏幕出现第一个几何元素,如图 8.28 所示。

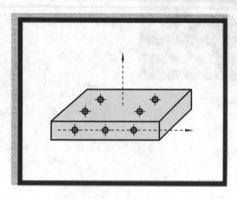

图 8.27　平面直线找正

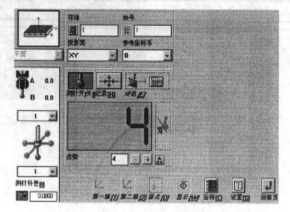

图 8.28　测量采点窗口 1

　　② 单击一个平面和两个圆心的连线,如图 8.29、图 8.30 所示。

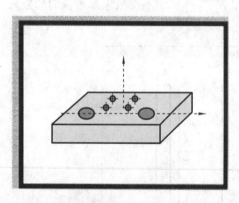

图 8.29　平面内圆心找正

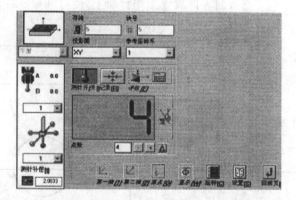

图 8.30　测量采点窗口 2

　　③ 单击一个圆柱和一条直线,如图 8.31、图 8.32 所示。

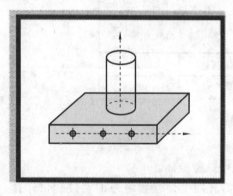

图 8.31　圆柱直线找正

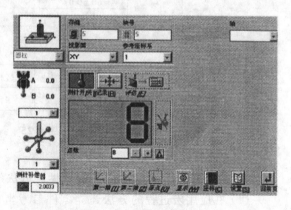

图 8.32　测量采点窗口 3

④ 单击一个圆柱和两个圆心的连线,如图 8.33、图 8.34 所示。

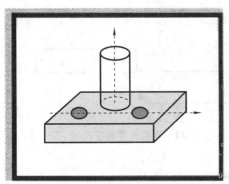

图 8.33　圆柱两圆心找正

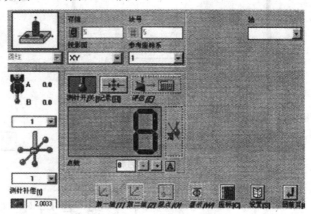

图 8.34　测量采点窗口 4

（2）在应用自由过程的方法学习建立零件参考坐标系时可通过以前测得的集合元素进行坐标轴找正或原点设置。通常在零件上找到相互垂直的元素来建立坐标系是不太可能的,因此测量机软件建立零件坐标系要采用"3—2—1"的方法,具体步骤如下。

① 在零件上测量一个平面（采至少三个点）,即首先利用面元素确定第一轴,因为面元素的方向矢量始终是垂直于该平面的（见图 8.35）。

② 在零件的另一侧面上测量一条线（采至少两个点）,即利用投影到该平面上的一条线来建立第二轴时,第一轴和第二轴就保证绝对是垂直的（见图 8.36）。

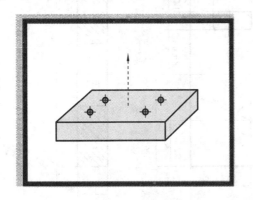

图 8.35　测量平面确定第一轴

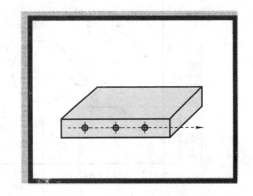

图 8.36　测量直线确定第二轴

③ 在零件右侧面上测量点（采一个点）,此时第三轴就不用再建了,由软件自动生成垂直于前两轴的第三轴。这样测量机软件就建立了互相垂直的、符合直角坐标系原理的零件坐标系（见图 8.37）。

2. 建立零件参考坐标系时的注意事项

（1）建立零件参考坐标系的原点的方法是把每个轴的原点设在一个或几个元素的特征点上,例如角上、圆心（见图 8.38）。

（2）建立零件参考坐标系过程中,安放零件时要保证零件上被测量的几何元素能够被正确采点。零件大多数尺寸都是以零件上某些特定几何元素为参考系来测定的。

（3）建立零件参考坐标系须遵循以下原则:先校正测头（标定）,后建立坐标系。

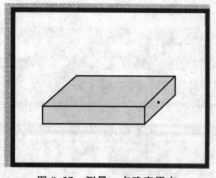

图 8.37　测量一点确定原点

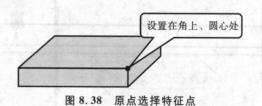

设置在角上、圆心处

图 8.38　原点选择特征点

思考与练习题

（1）建立一个零件参考系需做哪些工作？

（2）建立零件参考坐标系须遵循哪些原则？

（3）建立图 8.39 所示图样的零件参考系（4 个位置的建立）。

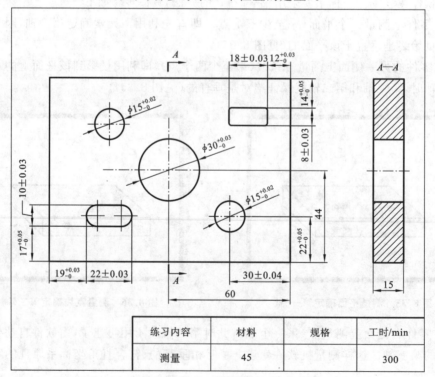

练习内容	材料	规格	工时/min
测量	45		300

图 8.39　测量图样 2

8.2.3　测量软件系统使用

1. 测量软件系统基本操作

1）几何元素的测量

在完成测头测尖标定及建立零件坐标系以后，便可开始几何元素的测量。首先直接测量

几何元素获得要测量的尺寸,例如孔或外圆直径、圆心坐标等。具体操作如下:单击图标，
屏幕出现点、线、平面、孔轴、球、圆柱、圆锥、槽、方槽等 15 项可供选择(见图 8.40)。

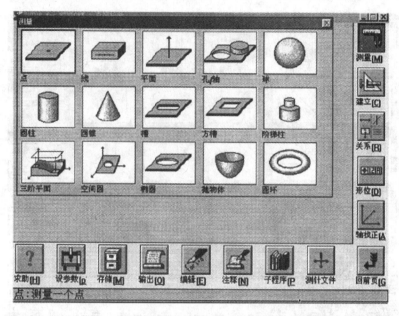

图 8.40　几何元素直接测量

2) 构造元素

通过被测的几何元素构造一新的几何元素获得要测的尺寸,例如测量分布在圆周上的一
圈孔而得到孔心圆的直径或坐标。

单击图标，屏幕出现线、平面、孔轴、球、圆柱、圆锥、槽、方槽、阶梯柱等 14 项可供选择
(见图 8.41)。

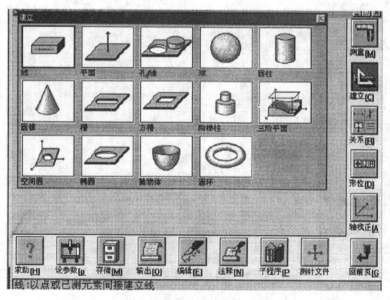

图 8.41　构造元素直接测量

3）元素间关系

单击图标 ▦，屏幕出现距离、相交、中点、投影、角度等选择项（见图 8.42）。

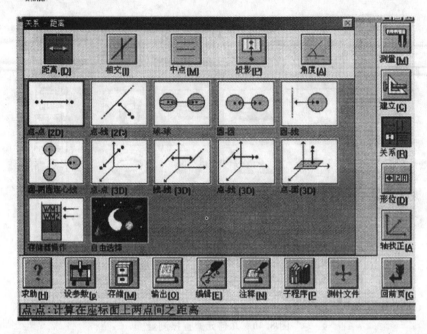

图 8.42　元素间关系选择

4）几何公差检测

单击图标 ▦，屏幕出现平行度，垂直度，倾斜度，同轴、同心度，位置度选择项（见图 8.43）。

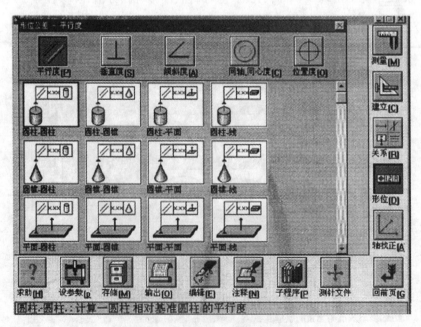

图 8.43　几何公差检测选择

2. 测量软件的使用方法

首先开机(机床回零、PH10T 智能分度头座回原点),标定标准球,并建立零件坐标系,下面开始测量操作。

(1) 先单击图标 ,再单击被测元素图标 ,在平面上采 4 个点(尽可能采得均匀),如图8.44、图 8.45 所示。

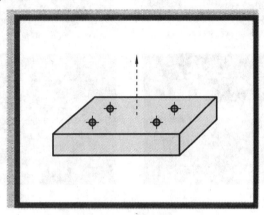

图 8.44 测量示例

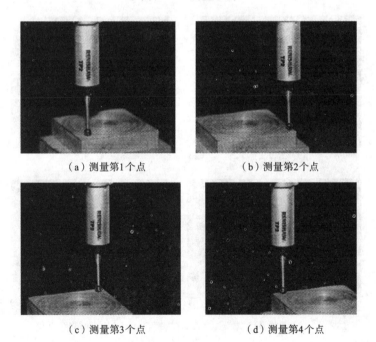

(a)测量第1个点 (b)测量第2个点

(c)测量第3个点 (d)测量第4个点

图 8.45 测量工件平面

(2) 单击被测元素图标 ,在孔轴上采 4 个点(尽可能采的均匀分布并在同一截面),如图8.46所示。

(3) 单击被测元素图标 ,在圆柱上采 8 个点(上、下平面各采 4 个点,尽可能均匀分布,在同一截面),如图 8.47 所示。

（a）测量第1个点

（b）测量第2个点

（c）测量第3个点

（d）测量第4个点

图 8.46　测量工件孔轴

（a）测量第1个点

（b）测量第2个点

（c）测量第3个点

（d）测量第4个点

图 8.47　测量圆柱体

（4）单击被测元素图标 ，在圆锥上采 7 个点（上平面采 3 个点，下平面采 4 个点，尽可能采得均匀分布，并在同一截面），如图 8.48 所示。

（5）单击被测元素图标 ，在槽上采 6 个点（在圆槽边缘采 2 个点，在槽长上采 1 个点，顺时针或逆时针顺序采点并尽可能采在同一截面上），如图 8.49 所示。

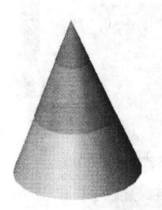

图 8.48   测量圆锥体

（a）圆槽边缘采点 （b）槽长采点 （c）圆槽边缘采点 （d）槽长采点

图 8.49   测量圆槽

3. 注意事项

（1）测量前，必须先标定标准球，建立零件坐标系。

（2）测量中，当测头与工件离开 10 mm 时，测头减速触碰工件（见图 8.50）；采点完成后，测头迅速离开工件；采点数是计算几何元素形状误差要求的最小采点数（见图 8.51）。

（3）测量结束后，PH10T 型智能分度头座转动，A 轴必须转动 90°（见图 8.52）。

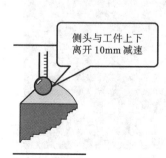

图 8.50   接近工件时测头减速

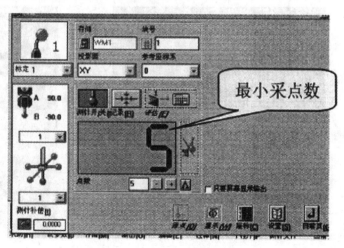

图 8.51   数字显示最小采点数

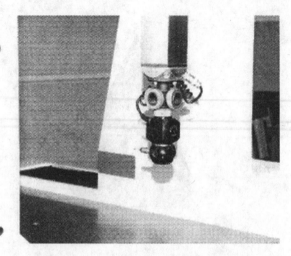

图 8.52 测量结束测头位置

任务 3 三坐标测量

8.3.1 孔、轴件的测量

在本次任务中,通过测量内孔尺寸与轴尺寸误差,认真体会"局部实际尺寸(实际误差)"概念。所用设备与器材为:三坐标测量机,测头系统(MH20i 或 PH10T),测针(20×ϕ3 mm)。

1. 测量原理

三坐标测量基本原理就是通过探测传感器(测头)与测量空间轴线运动的配合,对被测几何元素进行离散的空间点位置的获取(见图 8.53),然后通过一定的数学计算,完成对所测得点的分析拟合,最终还原出被测的几何元素,并在此基础上计算其与理论值(名义值)之间的偏差(见图 8.54),从而完成对被测零件的检验工作。

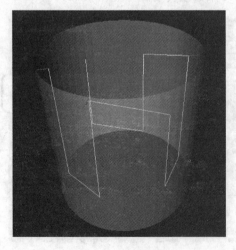

图 8.53 离散点测量

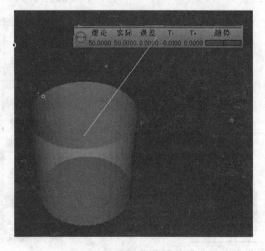

图 8.54 拟合分析偏差

2. 测量步骤

(1)首先针对工件选择对应的测头配置,将被测圆柱孔放置在工作平面,如图 8.55 所示。

图 8.55 测量准备

(2)被测件的孔属于基本元素"圆柱",可以设置以下 2 种测量方案。

① 自动测量,需要有被测件的 CAD 模型。拥有被测件的 CAD 模型后打开软件,选择

文件 → 导入CAD → IGES 。导入.iges 文件,建立好工件坐标系,让模型与工件对齐,使用面选择器选择样件的内孔的圆柱面,如图 8.56 所示。软件将该圆柱面自动命名为"CYL1",可以在软件右侧的元素对话框中看见 CYL1 的圆柱面信息,如图 8.57 所示。

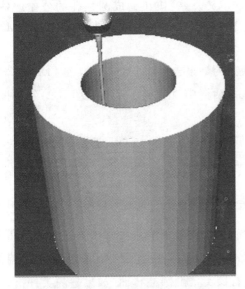

图 8.56 自动测量选择 CAD 模型面

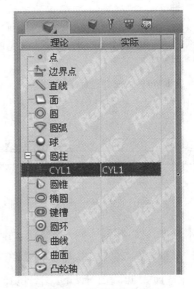

图 8.57 模型面信息显示

软件下方切换到"测量"界面，单击"圆柱"功能图标，将 CYL1 拖入被测元素对话框中，在数显区滚动鼠标滚轮确定测量点数（可设置测量点数为 8），单击"生成测量点"按钮，如图 8.58 所示。

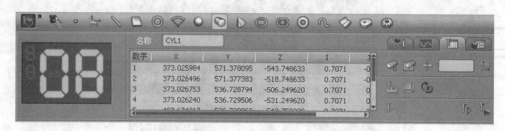

图 8.58 "测量"界面设置

单击"测量"按钮，设备根据所设置的参数采取被测件孔的空间点位置，再通过软件计算还原出被测件的几何元素，这样就得到了孔的实际尺寸输出报告，在软件下方切换到"公差"对话框，单击"直径"公差按钮，将圆柱孔 CYL1 的实际数据拖入"元素名"对话框，设置如图 8.59 所示。

图 8.59 设置"公差"对话框

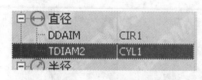

图 8.60 生成公差标签

单击"定义公差"按钮完成圆柱孔的公差评估，并在右侧的"公差"对话框中生成公差标签 TDIAM2，如图 8.60所示。

切换到测量报告对话框，将 TDIAM2 的公差标签拖入对话框中就完成了圆柱孔直径的公差报告，如图 8.61 所示。

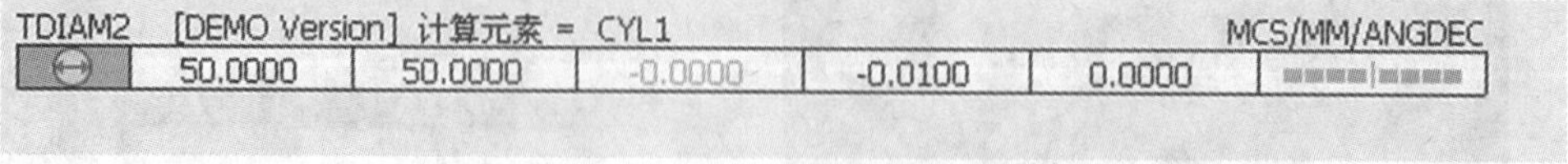

TDIAM2	[DEMO Version] 计算元素 = CYL1				MCS/MM/ANGDEC
	50.0000	50.0000	-0.0000	-0.0100	0.0000

图 8.61 生成公差报告

② 手动测量，相对于自动测量操作来说较简单，适用于单一尺寸的快速测量。在软件下方选择"测量"界面，单击"圆柱"测量功能，再选择"统计图"分页功能，用手持器在圆柱孔壁任意取点，取点时注意要让测头的红宝石探头接触圆柱孔面（如果是测头杆接触，取得的数据会影响最后的真实数据），每取得一个空间点位置时左下方的数显就会显示，如图 8.62

所示。

按上述办法取得 8 个空间点后,单击确认按钮 ☑,生成圆柱孔名"CYL1",之后的评估操作与方法 1 相同。

(3)测量轴的方法与测量孔的方法基本一致,孔与轴都属于基本元素中的"圆柱",即用三坐标测量机在轴的圆柱面上提取空间的离散点通过软件计算得出被测件的实际尺寸。

图 8.62　显示采点数目

3. 数据处理

将测得的数据填入表 8.2、表 8.3 中;并完成表格规定的项目。

表 8.2　孔的测量

仪　器	名　称			测量示意图
零件名称				
精度范围				
测量范围				
零件尺寸及极限偏差	D	ES	EI	

表 8.3　轴的测量

仪　器	名　称			测量示意图
零件名称				
精度范围				
测量范围				
零件尺寸及极限偏差	D	ES	EI	

8.3.2　平面度测量

通过本次测量,了解平面度的测量原理和方法,掌握平面度误差的评定方法。本次测量所用设备与器材为三坐标测量机、测头系统(MH20i 或 PH10T)、测针(20×ϕ3 mm)。

1. 测量原理

平面度公差用以限制平面的形状误差,其公差带是距离为公差值的两平行平面之间的区域。在测量平面度时，在平面上采取数个测量点，用测量点以最小二乘法拟合一个平面，包容所有测量点的两个平行平面间的距离即为平面度。这两个平行平面平行于拟合的最小二乘平面。最小二乘法的原理是，所有测量点距离拟合元素(平面、直线、圆、圆柱)的距离的平方和最小，如图 8.63 所示。

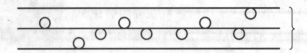

图 8.63　两平面的距离为被测平面的平面度

2. 测量步骤

(1) 针对工件选择对应的测头配置，粗糙度不同的平面，对平面度的要求是不一样的。粗糙度越大的平面，最好尽量选择直径较大的探针。

(2) 选择 文件 → 导入CAD ▶ → IGES ，先导入 CAD 模型，再导入 .iges 文件，建立好工件坐标系，让模型与工件对齐，使用面选择器 选择样件的上表面作为测量案例，如图 8.64 所示。

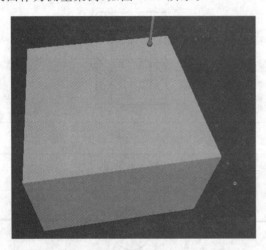

图 8.64　自动测量选择 CAD 模型面

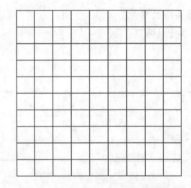

图 8.65　编辑栅格点测量路径

(3) 规划测量路径。从上述的三坐标测量仪对平面度的测量原理得知，测量点数越多，反应被测平面的平面度越真实，因此根据被测平面的长宽为 80 mm×80 mm，可以编辑一个栅格点的测量路径，如图 8.65 所示，也可以把从 CAD 上选取的平面 PLN1 拖入"测量"模块 的"面"功能 ，在数显上取设置测量点数为 80 后单击"生成测量点"按钮 进行设置，如图 8.66所示，检查生成的测量路径，单击"测量"按钮 完成测量步骤，如图 8.67 所示。

(4) 评估平面度。切换到"公差"模块 的"平面度"功能 ，拖入已测量的实际平面 PLN1 到元素名，如图 8.68 所示，输入公差带值"0.02"，单击"定义公差"按钮确认设置，完成被测平面的平面度公差评估。

3. 数据处理

三坐标的平面度计算方式与以往所熟悉的计算方法不一样，不需要使用计算法、作图法、对角线法等求取平面度的误差值，可以通过软件自动计算出被测面得平面度公差，只需要输出

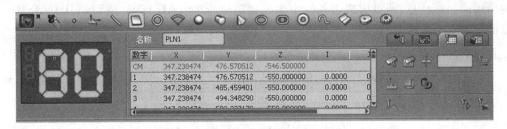

图 8.66 生成测量点

图 8.67 生成测量路径

公差报告就可以直观看出平面误差的"图形错误报告"。具体步骤如下。

（1）切换到测量报告对话框 ▭ ，将 TFLAT1 的公差标签拖入对话框中。

（2）切换到图形错误报告对话框 ◆ ，将面 PLN1 拖入对话框中，软件将以彩色云图的表现方式表示平面的趋势，如图 8.69 所示，单击按钮 ▨ 将图形错误报告导入测量报告对话框中。

图 8.68 定义公差

8.3.3 圆锥各尺寸的测量

通过本次测量，了解圆锥配合中的基本参数，熟悉使用三坐标测量机测量圆锥各尺寸的测量方法。本次测量所用设备与器材为：三坐标测量机、测头系统（MH20i 或 PH10T）、测针（20×ϕ3 mm）。

1. 测量原理

在圆锥体的测量中，必须熟悉影响圆锥互换性的以下基本参数：圆锥面、圆锥角（α）、圆锥直径（D，d，d_x）、圆锥长度（L）、锥度（C），如图 8.70 所示。三坐标测量机在测量圆锥基本参数时，主要是获取圆锥面上的离散的空间点，然后通过一定的数学计算，还原出圆锥面。获取圆锥两个端面的面信息,通过构造在软件中生成被测圆锥的 CAD 图形,就可以从 CAD 图形上获取圆锥的几个基本参数。

2. 测量步骤

(1) 以图 8.70 所示被测件上的圆锥台为例,测量出它的基本参数。分析被测件,可使用 $20 \times \phi 3$ mm 测针,测头角 A 为 30°、B 为 180°。标定测头,将被测件固定在工作台上,如图 8.71 所示。

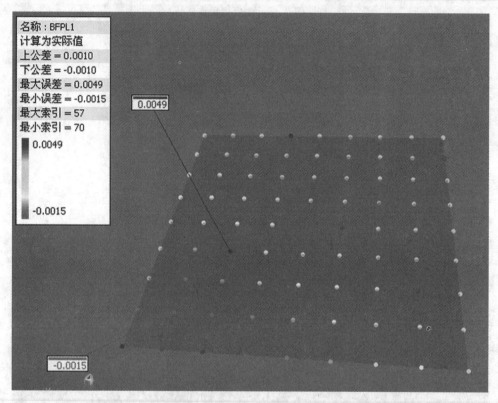

名称:BFPL1
计算为实际值
上公差 = 0.0010
下公差 = -0.0010
最大误差 = 0.0049
最小误差 = -0.0015
最大索引 = 57
最小索引 = 70

0.0049

-0.0015

图 8.69 平面度公差彩色云图

图 8.70 被测圆锥 CAD 模型

图 8.71 测头与工件位置

(2) 使用面选择器 选择被测件上的圆锥面,如图 8.72 所示,软件自动命名圆锥面为

CON1,将 CON1 拖入"测量"模块 的"圆锥"功能,设置测量点数为 15 后单击"生成测量点"按钮 ,检查生成的测量路径(见图 8.73),单击"测量"按钮完成测量。

图 8.72　选择 CAD 模型面

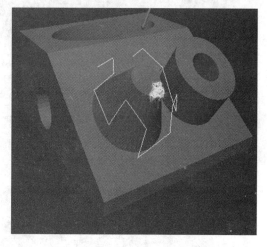

图 8.73　生成测量路径

(3) 通过观察发现,测量出的实际圆锥与理论圆锥的高度不一致,如图 8.74 所示,可以测量出圆锥的 2 个端面后通过构造得出实际圆锥的 CAD 数据。使用面选择器 选择被测圆锥的 2 个端面(见图 8.75),测量出 PLN1 和 PLN2。

图 8.74　实际圆锥与理论圆锥高度不一致

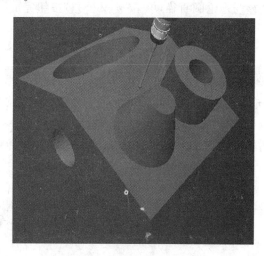

图 8.75　测量圆锥的 2 个端面

切换到"构造"模块 ,选择"边界"功能 ,将 CON1 拖入被限制的元素对话框中,将 2 个端面 PLN1 和 PLN2 拖入边界元素对话框中,单击"添加结果"按钮完成实际圆锥的 CAD 构造。

(4) 得到实际圆锥的 CAD 数据后,切换到"公差"模块的"锥角"功能 ,拖入已测量的圆锥 CON1 到元素名对话框,输入上公差、下公差(分别为 0 和 −0.1),单击"定义公差"按钮,完成圆锥角的评估,如图 8.76 所示。

(5) 圆锥最大直径 D 与最小直径 d 可以通过构造得出,切换到"构造"模块 ,选择"相

图 8.76 定义公差

交"功能 ，将 CON1 拖入元素 1 对话框中，将 2 个端面 PLN1 和 PLN2 分别拖入元素 2 对话框中，单击"添加结果"按钮构造出圆 INTERCI1 和 INTERCI2，d_x 可以使用 功能，将 CON1 拖入锥体元素对话框中，填入所要构造的理论圆的直径（见图 8.77），单击"添加结果"按钮得到 d_x 圆 CONEDIAMCI2。

图 8.77 构造任一圆锥直径检测偏差结果

切换到"公差"模块的"直径"功能 ，拖入已构造的圆的元素名对话框，输入上公差、下公差与理论圆直径，单击"定义公差"按钮完成圆锥直径的评估。

3. 数据处理

通过软件评估，已经得到了圆锥角、圆锥直径的公差标签，可以切换到测量报告对话框 ，将公差标签 TCONEANG1、TDIAM1、TDIAM2 拖入对话框中。圆锥角 α 可以双击"元素数据"对话框中的 CON1 元素名（见图 8.78），会在相邻的对话框中显示该元素的详细参数（其中 L 为圆锥的高度，锥度 C 即为两个垂直于圆锥轴线截面的圆锥直径差与该两截面间的轴向距离之比（$C=(D-d)/L$)，从而得出圆锥的高度 L 和锥度 C；使用"测量报告"对话框中的"添加文本" 功能，输入圆锥的高度 L 和锥度 C，数据处理报告如图 8.78 所示。

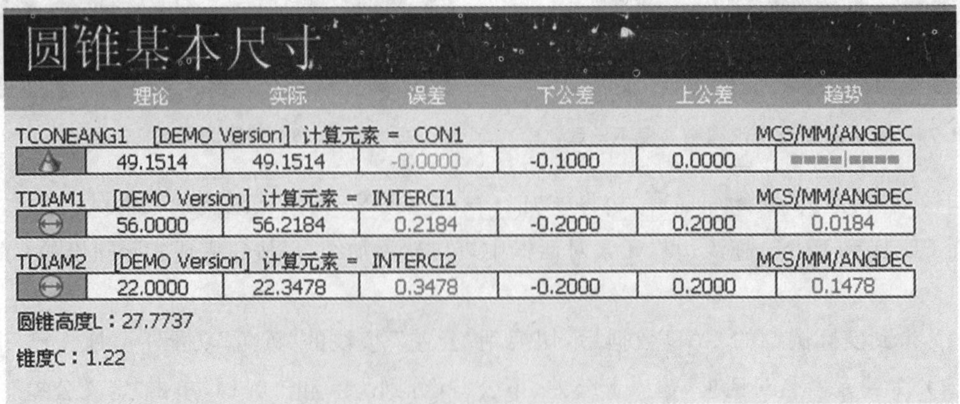

图 8.78 圆锥基本尺寸数据报告

8.3.4 轴键槽对称度测量

通过本次测量,熟悉使用三坐标测量机测量轴键槽的对称度的方法,了解轴键槽对称度公差对轴传动的影响,体会使用三坐标测量对称度中基准的重要性。

本次测量所用设备与器材为:三坐标测量机、测头系统(MH20i 或 PH10T)、测针(20×ϕ3 mm)。

1. 测量原理

轴键槽对称度是影响传动轴扭矩传递精度及键和键槽工作寿命的重要参数。在轴键槽加工中,目前常用的轴键槽对称度测量方法中有的测量精度较低,有的操作复杂,不便于加工现场使用。如 V 形块-百分表测量法需要反复调转工件、找正,然后将测量值代入公式进行计算。又如用轴键槽对称度量规检测,由于量规的规格多,不利于管理和保管。使用三坐标测量对称度时,只需要测量出键槽的两个对称平面同时构造出键槽的基准平面,通过软件计算出两个平面与基准面的对称度,测量方法有以下两种。

(1)在工件上建立坐标系,坐标系的原点建立在轴的基准圆上,坐标系的 x 轴或 y 轴与被测轴的轴线拉平。测量出键槽的两个被测平面,用坐标系的基准平面作为基准平面,通过软件计算出键槽的对称度。

(2)用同样的方法在被测轴上建立工件坐标系,测量出键槽的两个被测平面,同时构造出两个平面的中心面,测量出中心面和基准平面距离的两倍即为该键槽的对称度。

2. 测量步骤

以图 8.79 所示的轴为实例,将轴固定在 V 形块上,再整体固定在工作台面,可以选用 20×ϕ3 mm 的测针,准备完毕后可以使用两种方法测量该键槽的对称度。

(1)以键槽孔的端面 PLN1 确定一平面,以基准圆 CIR1 确定坐标原点,以基准圆柱 CYL1 作为基准轴,如图 8.80 所示。

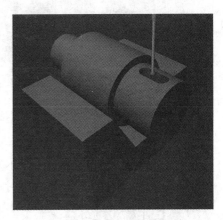

图 8.79 被测工件装夹定位

从测量数据窗中的 PLN1 ![PLN1] 拖入坐标数据区上的 MCS ![MCS],生成一个确定 z 轴的坐标系,再用同样的方法拖入 CIR1 确定坐标系原点。下方对话框切换到"坐标" ![坐标] 的"旋转" ![旋转] 功能,勾选"使用元素"选项,旋转轴为 z,对齐方向选择对齐 x 轴,拖入基准圆柱 CYL1 确定坐标系的 x 轴,单击"添加/激活坐标系"生成零件坐标系,如图 8.81 所示。

再测量出键槽的两个平面 PLN2 和 PLN3,切换到"公差"模块 ![文件] 的"对称度"功能 ![对称度],拖入已测量的平面 PLN2 和 PLN3 到元素名对话框,输入公差"0.1"。数据区切换到"坐标" ![坐标],选中 CRD 框架中的"EA_ZXPLANE",如图 8.82 所示的基准平面,拖到"参考元素1"对话框中(见图8.83),单击"定义公差"按钮完成键槽孔对称度的评估。

(2)用方法(1)中提到的坐标系建立方法创建零件坐标系,测量出键槽的 2 个被测平面

图 8.80　选择坐标系基准

图 8.81　通过坐标系旋转添加坐标系

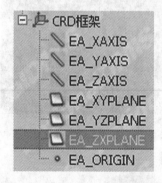

图 8.82　选择 Oxz 基准平面

PLN2 和 PLN3,切换到"构造"模块,选择"中分"功能,将 PLN2、PLN3 拖入元素 1 和元素 2 对话框中,预览 2 个不同向量的构造面,选择 MIDPL2 平面,单击"添加结果"按钮构造出面 PLN2 和 PLN3 的中分面 MIDPL2。得到 PLN2 和 PLN3 计算出的中分面 MIDPL2 后,切换到"公差"模块的"距离"功能,拖入已构造好的中分面 MIDPL2 和 CRD 框架中的 EA_ZXPLANE 到元素名对话框,左侧数据区的"实际"项所显示的数值就是中分面到基准面的距离,乘以 2 就是所要的键槽的对称度公差。

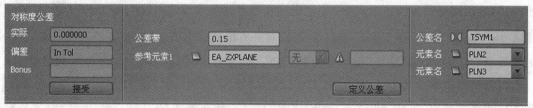

图 8.83　拖入元素定义公差

3.数据处理

将测得的数据填入表 8.4 中,完成表格规定的项目。

表 8.4　轴键槽对称度的测量

仪　器	名　称		测量示意图
零件名称			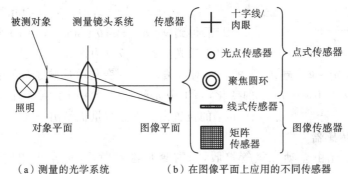
精度范围			
测量范围			
键槽对称度	方法一	方法二	

任务 4　非接触式三坐标测量认知

8.4.1　二维光学测头

二维光学测头利用判断阴影及反光在光电器件上生成的特性类型(轮廓的灰度值),人工对准或自动发出锁存信号,锁存垂直于光轴方向的二维坐标值(测量机标尺给出,或光电器件本身坐标给出),如图 8.84 所示。此类测头不能给出沿光轴深度方向的坐标值,其种类如下(见图 8.85)。

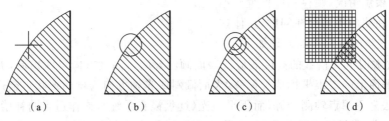

(a)测量的光学系统　　(b)在图像平面上应用的不同传感器

图 8.84　二维光学测量原理

（a）　　（b）　　（c）　　（d）

用光学传感器测量位置的点式传感器 {(a)十字线/肉眼 (b)光点传感器}　用图像处理器的传感器 {(c)聚焦圆环式传感器 (d)数码相机}

图 8.85　二维光学测头类型

（1）带十字线的视觉测头,大多为手动操作使用,因此受到人为判断的影响,精度要低一些,另外只能静态取数,效率稍低。

（2）光点传感器。当被测对象在光点中的阴影轮廓重合度满足条件（设定的阈值）时,产生触发信号,一般用背景光,很少用前景光。

（3）聚焦圆环式传感器。两个传感器均对称地圆周放置,两个尺寸相同的光电二极管平面作为边缘探测器,形成一个圆区域及一个圆环区域,只有当圆及圆环的阴影区或亮区面积相等时（两个传感器信号差为零）,发出触发信号。

（4）图像处理器分为线式或矩阵式图像处理器。光学图像系统把被测对象的图像在电子相机的传感器上成像,传感器上具有单像素的分辨力,应用数字图像处理方法对图像进行处理。一维线式或二维矩阵式结构的图像传感器构成传感器的测量坐标系统,把被测对象的特征点在传感器坐标系上确定下来,然后转换为零件坐标系,把各像素位置均存在图像存储器中,可以重复调用相应的像素位置及内存地址。

8.4.2 三维光学测头

垂直于测头方向的两维坐标由三坐标测量机的坐标系给出,光轴方向尺寸根据三角形原理或聚焦原理由三坐标测量机探测轴的位置给出。

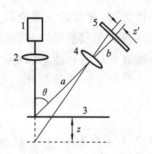

图 8.86 激光测头的三角形原理
1—激光器;2—透镜;3—被测表面;
4—接受透镜;5—光电探测器

1）激光测头三角形原理

如图 8.86 所示,a 为激光束光轴和接收透镜光轴的交点到接收透镜前主面的距离;b 为接收透镜后主面到成像面中心点的距离,由相似三角形原理得

$$z/a = (z'/\sin\theta)/(b - z'/\tan\theta)$$

最后得到 $z = a \cdot z'/(b \cdot \sin\theta - z' \cdot \cos\theta)$ (8.5)

对于激光测头,a、b、θ 为常数,由公式（8.5）就建立了 z'、z 的一一对应关系,z' 的变化就反映了被测物体在高度方向的变化,超出激光测头的景深则由测量机移动 z 轴来实现,而 x,y 的位置由三坐标测量机给出。

2）激光聚焦传感器

工件反射的激光由差动二极管接收,只有聚焦准确时,才能给出相应的触发信号（见图8.87）。

3）视觉自动聚焦

根据光学聚焦情况,锁存相应位置坐标（见图 8.88）。

光学测头在使用中均存在问题,具体如下。

（1）二维光学测头存在的问题如下。

① 中心光源时放大倍数的高度效应或表面倾斜效应。高度方向尺寸扩展,放大倍数发生变化,边缘在平面上的二维坐标值会偏移,表面倾斜或光轴方为弯曲形状也会产生类似的效应,改进的办法为不用点轴测光源,而用平行光（远焦镜头系统）,或作适当的补偿。

② 照明方式（背景光还是前置光）。影响探测误差大小,例如背景光情况下,高的边缘影响边缘的位置测量,前置光对圆滑边缘的位置测量会产生偏移。

③ 被测物体的特性,如被测表面情况（粗糙度、颜色等）,欲探测边缘的质量、圆角等均会导致测量误差。

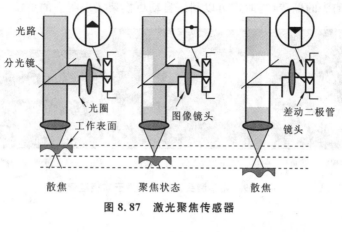

图 8.87　激光聚焦传感器

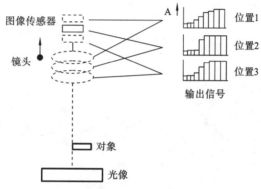

图 8.88　视觉自动聚焦传感器

④ 测头会引进误差,包括:人为误差,如用肉眼判断十字线带来的不可忽略的人为误差,十字线平面与被测物体平面不平行而带来的视差;点(或环)式测头自身的校准不好而带来的误差,如欲探测边缘在平面内的半径,被测对象的曲率相对点式测头光点半径不可忽略,则应作数学修正;光电探测器的局部不均匀特性,造成二维的探测误差;局部或随时间变化的不良照明。

带图像处理器的测头系统的放大倍数及畸变均应校准,影像坐标系统相对于零件坐标系统的扭曲,应有要求,因为它影响传感器坐标系到零件坐标系的转换。

(2) 三维光学测头存在的问题如下。

① 三角形原理激光:表面明暗的突变,突跳的台阶,倾斜的表面或曲面以及直接反射光都会导致误差。

② 视觉聚焦传感器:表面过于光滑、太亮,倾斜的表面或曲面,均会导致误差。

8.4.3　非接触式三坐标测量机测量实例

针对一些大的工件上面有小的测量特征的测量需要,海克斯康推出了可用在测量机上的光学测头 CMM-V,这种测头能够使用在配备自动测座的测量机上,与触发测头配合工作,并且可以实现光学测头的转角。如图 8.89 所示,完成一个大型钣金件上面一些小孔的光学测量,光学测头实现 40°转角。

因此,对于一些用触发测头难以进行测量的场合,可采用光学测头 CMM-V,不仅可以连接分度测座进行测头的偏转,同时还可以利用自动更换架实现测头的更换。

（a）实现40°转角　　　　　（b）大型钣金件测量　　　　　（c）测量局部小孔

图 8.89　光学测头 CMM-V 用于非接触测量

附　　录

附表 1　普通螺纹基本尺寸(摘自 GB/T 196—2003)　　　　　　　　单位:mm

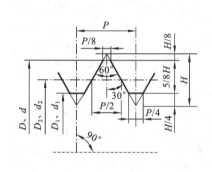

$H = 0.866P$

$d_2 = d - 0.649\,5P$

$d_1 = d - 1.082\,5P$

D、d——内、外螺纹大径

D_2、d_2——内、外螺纹中径

D_1、d_1——内、外螺纹小径

P——螺距

标记示例

M20-6H(公称直径 20 mm 的粗牙右旋内螺纹,中径和大径的公差带均为 6H)

M20-6g(公称直径 20 mm 粗牙右旋外螺纹,中径和大径的公差带均为 6g)

M20-6H/6g(上述规格的螺纹副)

M20×2 左-5g6g-s(公称直径 20 mm、螺距 2 mm 的细牙左旋外螺纹,中径、大径的公差带分别为 5g、6g,短旋合长度)

公称直径 D、d		螺距	中径	小径	公称直径 D、d		螺距	中径	小径	公称直径 D、d		螺距	中径	小径
第一系列	第二系列	P	D_2、d_2	D_1、d_1	第一系列	第二系列	P	D_2、d_2	D_1、d_1	第一系列	第二系列	P	D_2、d_2	D_1、d_1
3		**0.5**	2.675	2.459		18	**1.5**	17.026	16.376		39	**2**	37.701	36.835
		0.35	2.773	2.621			1	17.350	16.917			1.5	38.026	37.376
	3.5	**(0.6)**	3.110	2.850	20		**2.5**	18.376	17.294	42		**4.5**	39.077	37.129
		0.35	3.273	3.121			2	18.701	17.835			3	40.051	38.752
4		**0.7**	3.545	3.242			1.5	19.026	18.376			2	40.701	39.835
		0.5	3.675	3.459			1	19.350	18.917			1.5	41.026	40.376
	4.5	**(0.75)**	4.013	3.688	22		**2.5**	20.376	19.294	45		**4.5**	42.077	40.129
		0.5	4.175	3.959			2	20.701	19.835			3	43.051	41.752
5		0.8	4.480	4.134			1.5	21.026	20.376			2	43.701	42.835
		0.5	4.675	4.459			1	21.350	20.917			1.5	44.026	43.376

续表

第一系列	第二系列	螺距 P	中径 D_2、d_2	小径 D_1、d_1	第一系列	第二系列	螺距 P	中径 D_2、d_2	小径 D_1、d_1	第一系列	第二系列	螺距 P	中径 D_2、d_2	小径 D_1、d_1
6		1	5.350	4.917	24		3	22.051	20.752	48		5	44.752	42.587
		0.75	5.513	5.188			2	22.701	21.835			3	46.051	44.752
8		1.25	7.188	6.647			1.5	23.026	22.376			2	46.701	45.835
		1	7.350	6.917			1	23.350	22.917			1.5	47.026	46.376
		0.75	7.513	7.188	27		3	25.051	23.752	52		5	48.752	46.587
10		1.5	9.026	8.376			2	25.701	24.835			3	50.051	48.752
		1.25	9.188	8.476			1.5	26.026	25.376			2	50.701	49.835
		1	9.350	8.917			1	26.350	25.917			1.5	51.026	50.376
		0.75	9.513	9.188	30		3.5	27.727	26.211	56		5.5	52.428	50.046
12		1.75	10.863	10.106			2	28.701	27.835			4	53.402	51.670
		1.5	11.026	10.376			1.5	29.026	28.376			3	54.051	52.752
		1.25	11.188	10.647			1	29.350	28.917			2	54.701	53.835
		1	11.350	10.917		33	3.5	30.727	29.211			1.5	55.026	54.376
	14	2	12.701	11.835			2	31.701	30.835		60	(5.5)	56.428	54.046
		1.5	13.026	12.376			1.5	32.026	31.376			4	57.402	55.670
		1	13.350	12.917	36		4	33.402	31.670			3	58.051	56.752
16		2	14.701	13.835			3	34.051	32.752			2	58.701	57.835
		1.5	15.026	14.376			2	34.701	33.835			1.5	59.026	58.376
		1	15.350	14.917			1.5	35.026	34.376	64		6	60.103	57.505
	18	2.5	16.376	15.294		39	4	36.402	34.670			4	61.402	59.670
		2	16.701	15.835			3	37.051	35.572			3	42.051	60.752

注：① "螺距 P"栏中第一个数值（黑体字）为粗牙螺距，其余为细牙螺距；

② 优先选用第一系列，其次选用第二系列，第三系列（表中未列出）尽可能不用；

③ 括号内尺寸尽可能不用。

附表 2　普通螺纹的中径公差（摘自 GB/T 197—2003）

公差直径 D/mm		螺距	内螺纹中径公差 T_{D2}/μm					外螺纹中径公差 T_{d2}/μm						
>	≤	P/mm	公差等级					公差等级						
			4	5	6	7	8	3	4	5	6	7	8	9
5.6	11.2	0.75	85	106	132	170	—	50	63	80	100	125	—	—
		1	95	118	150	190	236	56	71	95	112	140	180	224
		1.25	100	125	160	200	250	60	75	95	118	150	190	236
		1.5	112	140	180	224	280	67	85	106	132	170	212	295

公差直径 D/mm		螺距	内螺纹中径公差 T_{D2}/μm					外螺纹中径公差 T_{d2}/μm						
			公差等级					公差等级						
>	≤	P/mm	4	5	6	7	8	3	4	5	6	7	8	9
11.2	22.4	1	100	125	160	200	250	60	75	95	118	150	190	236
		1.25	112	140	180	224	280	67	85	106	132	170	212	265
		1.5	118	150	190	236	300	71	90	112	140	180	224	280
		1.75	125	160	200	250	315	75	95	118	150	190	236	300
		2	132	170	212	265	335	80	100	125	160	200	250	315
		2.5	140	180	224	280	355	85	106	132	170	212	265	335
22.4	45	1	106	132	170	212	—	63	80	100	125	160	200	250
		1.5	125	160	200	250	315	75	95	118	150	190	236	300
		2	140	180	224	280	355	85	106	132	170	212	265	335
		3	170	212	265	335	425	100	125	160	200	250	315	400
		3.5	180	224	280	355	450	106	132	170	212	265	335	425
		4	190	236	300	375	415	112	140	180	224	280	355	450
		4.5	200	250	315	400	500	118	150	190	236	300	375	475

附表 3 普通螺纹的基本偏差和顶径公差(摘自 GB/T197—2003)

螺距 P/mm	内螺纹的基本偏差 EI		外螺纹的基本偏差 es				内螺纹小径公差 T_{D1}/μm					外螺纹大径公差 T_d/μm		
	G	H	e	f	g	h	4	5	6	7	8	4	6	8
0.75	+22		−56	−38	−22		118	150	190	236	—	90	140	—
0.8	+24		−60	−38	−24		125	160	200	250	315	95	150	236
1	+26		−60	−40	−26		150	190	236	300	375	112	180	280
1.25	+28		−63	−42	−28		170	212	265	335	425	132	212	335
1.5	+32	0	−67	−45	−32	0	190	236	300	375	475	150	236	375
1.75	+34		−71	−48	−34		212	265	335	425	530	170	265	425
2	+38		−71	−52	−38		236	300	375	475	600	180	280	450
2.5	+42		−80	−58	−42		280	355	450	560	710	212	335	530
3	+48		−85	−63	−48		315	400	500	630	800	236	375	600

附表 4   齿轮径向跳动公差 F_r(摘自 GB/T 10095.2—2008)   单位:μm

分度圆直径 d/mm	法向模数 m_n/mm	精 度 等 级												
		0	1	2	3	4	5	6	7	8	9	10	11	12
5≤d≤20	0.5≤m_n≤2.0	1.5	2.5	3.0	4.5	6.5	9.0	13	18	25	36	51	72	102
	2.0<m_n≤3.5	1.5	2.5	3.5	4.5	6.5	9.5	13	19	27	38	53	75	106
20<d≤50	0.5<m_n≤2.0	2.0	3.0	4.0	5.5	8.0	11	16	23	32	46	65	92	130
	2.0<m_n≤3.5	2.0	3.0	4.0	6.0	8.5	12	17	24	34	47	67	95	134
	3.5<m_n≤6.0	2.0	3.0	4.5	6.0	8.5	12	17	25	35	49	70	99	139
	6.0<m_n≤10	2.5	3.5	4.5	6.5	9.5	13	19	26	37	52	74	105	148
50<d≤125	0.5≤m_n≤2.0	2.5	3.5	5.0	7.5	10	15	21	29	42	59	83	118	167
	2.0<m_n≤3.5	2.5	4.0	5.5	7.5	11	15	21	30	43	61	86	121	171
	3.5<m_n≤6.0	3.0	4.0	5.5	8.0	11	16	22	31	44	62	88	125	176
	6.0<m_n≤10	3.0	4.0	6.0	8.0	12	16	23	33	46	65	92	131	185
	10<m_n≤16	3.0	4.5	6.0	9.0	12	18	25	35	50	70	99	140	198
	16<m_n≤25	3.5	5.0	7.0	9.5	14	19	27	39	55	77	109	154	218
125<d≤280	0.5≤m_n≤2.0	3.5	5.0	7.0	10	14	20	28	39	55	78	110	156	221
	2.0<m_n≤3.5	3.5	5.0	7.0	10	14	20	28	40	56	80	113	159	225
	3.5<m_n≤6.0	3.5	5.0	7.0	10	14	20	29	41	58	82	115	163	231
	6.0<m_n≤10	3.5	5.5	7.5	11	15	21	30	42	60	85	120	169	239
	10<m_n≤16	4.0	5.5	8.0	11	16	22	32	45	63	89	126	179	252
	16<m_n≤25	4.5	6.0	8.5	12	17	24	34	48	68	96	136	193	272
	25<m_n≤40	4.5	6.5	9.5	13	19	27	36	54	76	107	152	215	304
280<d≤560	0.5≤m_n≤2.0	4.5	6.5	9.0	13	18	26	36	51	73	103	146	206	291
	2.0<m_n≤3.5	4.5	6.5	9.0	13	18	26	37	52	74	105	148	209	296
	3.5<m_n≤6.0	4.5	6.5	9.5	13	19	27	38	53	75	106	150	213	301
	6.0<m_n≤10	5.0	7.0	9.5	14	19	27	39	55	77	109	155	219	310
	10<m_n≤16	5.0	7.0	10	14	20	29	40	57	81	114	161	228	323
	16<m_n≤25	5.5	7.5	11	15	21	30	43	61	86	121	171	242	343
	25<m_n≤40	6.0	8.5	12	17	23	33	47	66	94	132	187	265	374
	40<m_n≤70	7.0	9.5	14	19	27	38	54	76	108	153	216	306	432

附表 5　齿轮单个齿距极限偏差 $\pm f_{\text{pt}}$（摘自 GB/T 10098.1—2008）　　　　单位：μm

分度圆直径 d/mm	模数 m/mm	精度等级												
		0	1	2	3	4	5	6	7	8	9	10	11	12
5≤d≤20	0.5≤m≤2	0.8	1.2	1.7	2.3	3.3	4.7	6.5	9.5	13.0	19.0	26.0	37.0	53.0
	2＜m≤3.5	0.9	1.3	1.8	2.6	3.7	5.0	7.5	10.0	15.0	21.0	29.0	41.0	59.0
20＜d≤50	0.5≤m≤2	0.9	1.2	1.8	2.5	3.5	5.0	7.0	10.0	14.0	20.0	28.0	40.0	56.0
	2＜m≤3.5	1.0	1.4	1.9	2.7	3.9	5.5	7.5	11.0	15.0	22.0	31.0	44.0	62.0
	3.5＜m≤6	1.1	1.5	2.1	3.0	4.3	6.0	8.5	12.0	17.0	24.0	34.0	48.0	68.0
	6＜m≤10	1.2	1.7	2.5	3.5	4.9	7.0	10.0	14.0	20.0	28.0	40.0	56.0	79.0
50＜d≤125	0.5≤m≤2	0.9	1.3	1.9	2.7	3.8	5.5	7.5	11.0	15.0	21.0	30.0	43.0	61.0
	2＜m≤3.5	1.0	1.5	2.1	2.9	4.1	6.0	8.5	12.0	17.0	23.0	33.0	47.0	66.0
	3.5＜m≤6	1.1	1.6	2.3	3.2	4.6	6.5	9.0	13.0	18.0	26.0	36.0	52.0	73.0
	6＜m≤10	1.3	1.8	2.6	3.7	5.0	7.5	10.0	15.0	21.0	30.0	42.0	59.0	84.0
	10＜m≤16	1.6	2.2	3.1	4.4	6.5	9.0	13.0	18.0	25.0	35.0	50.0	71.0	100.0
	16＜m≤25	2.0	2.8	3.9	5.5	8.0	11.0	16.0	22.0	31.0	44.0	63.0	89.0	125.0
125＜d≤280	0.5≤m≤2	1.1	1.5	2.1	3.0	4.2	6.0	8.5	12.0	17.0	24.0	34.0	48.0	67.0
	2＜m≤3.5	1.1	1.6	2.3	3.2	4.6	6.5	9.0	13.0	18.0	26.0	36.0	51.0	73.0
	3.5＜m≤6	1.2	1.8	2.5	3.5	5.0	7.0	10.0	14.0	20.0	28.0	40.0	56.0	79.0
	6＜m≤10	1.4	2.0	2.8	4.0	5.5	8.0	11.0	16.0	23.0	32.0	45.0	64.0	90.0
	10＜m≤16	1.7	2.4	3.3	4.7	6.5	9.5	13.0	19.0	27.0	38.0	53.0	75.0	107.0
	16＜m≤25	2.1	2.9	4.1	6.0	8.0	12.0	16.0	23.0	33.0	47.0	66.0	93.0	132.0
	25＜m≤40	2.7	3.8	5.5	7.5	11.0	15.0	21.0	30.0	43.0	61.0	86.0	121.0	171.0
280＜d≤560	0.5≤m≤2	1.2	1.7	2.4	3.3	4.7	6.5	9.5	13.0	19.0	27.0	38.0	54.0	76.0
	2＜m≤3.5	1.3	1.8	2.5	3.6	5.0	7.0	10.0	14.0	20.0	29.0	41.0	57.0	81.0
	3.5＜m≤6	1.4	1.9	2.7	3.9	5.5	8.0	11.0	16.0	22.0	31.0	44.0	62.0	88.0
	6＜m≤10	1.5	2.2	3.1	4.4	6.0	8.5	12.0	17.0	25.0	35.0	49.0	70.0	99.0
	10＜m≤16	1.8	2.5	3.6	5.0	7.0	10.0	14.0	20.0	29.0	41.0	58.0	81.0	115.0
	16＜m≤25	2.2	3.1	4.4	6.0	9.0	12.0	18.0	25.0	35.0	50.0	70.0	99.0	140.0
	25＜m≤40	2.8	4.0	5.5	8.0	11.0	16.0	22.0	32.0	45.0	63.0	90.0	127.0	180.0
	40＜m≤70	3.9	5.5	8.0	11.0	16.0	22.0	31.0	45.0	63.0	89.0	126.0	178.0	252.0

附表 6　齿轮齿距累积总偏差 F_p（摘自 GB/T 10095.1—2008）　　单位：μm

分度圆直径 d/mm	模数 m/mm	精 度 等 级												
		0	1	2	3	4	5	6	7	8	9	10	11	12
5≤d≤20	0.5≤m≤2	2.0	2.8	4.0	5.5	8.0	11.0	16.0	23.0	32.0	45.0	64.0	90.0	127.0
	2<m≤3.5	2.1	29	4.2	6.0	8.5	12.0	17.0	23.0	33.0	47.0	66.0	94.0	133.0
20<d≤50	0.5≤m≤2	2.5	3.6	5.0	7.0	10.0	14.0	20.0	29.0	41.0	57.0	81.0	115.0	162.0
	2<m≤3.5	2.6	3.7	5.0	7.5	10.0	15.0	21.0	30.0	42.0	59.0	84.0	119.0	168.0
	3.5<m≤6	2.7	3.9	5.5	7.5	11.0	15.0	22.0	31.0	44.0	62.0	87.0	123.0	174.0
	6<m≤10	2.9	4.1	6.0	8.0	12.0	16.0	23.0	33.0	46.0	65.0	93.0	131.0	185.0
50<d≤125	0.5≤m≤2	3.3	4.6	6.5	9.0	13.0	18.0	26.0	37.0	52.0	74.0	104.0	147.0	208.0
	2<m≤3.5	3.3	4.7	6.5	9.5	13.0	19.0	27.0	38.0	53.0	76.0	107.0	151.0	214.0
	3.5<m≤6	3.4	4.9	7.0	9.5	14.0	19.0	28.0	39.0	55.0	78.0	110.0	156.0	220.0
	6<m≤10	3.6	5.0	7.0	10.0	14.0	20.0	29.0	41.0	58.0	82.0	116.0	164.0	231.0
	10<m≤16	3.9	5.5	7.5	11.0	15.0	22.0	31.0	44.0	62.0	88.0	124.0	175.0	248.0
	16<m≤25	4.3	6.0	8.5	12.0	17.0	24.0	34.0	48.0	68.0	96.0	136.0	193.0	273.0
125<d≤280	0.5≤m≤2	4.3	6.0	8.5	12.0	17.0	24.0	35.0	49.0	69.0	98.0	138.0	195.0	276.0
	2<m≤3.5	4.4	6.0	9.0	12.0	18.0	25.0	35.0	50.0	70.0	100.0	141.0	199.0	282.0
	3.5<m≤6	4.5	6.5	9.0	13.0	18.0	25.0	36.0	51.0	72.0	102.0	144.0	204.0	288.0
	6<m≤10	4.7	6.5	9.5	13.0	19.0	26.0	37.0	53.0	75.0	106.0	149.0	211.0	299.0
	10<m≤16	4.9	7.0	10.0	14.0	20.0	28.0	39.0	56.0	79.0	112.0	158.0	223.0	316.0
	16<m≤25	5.5	7.5	11.0	15.0	21.0	30.0	43.0	60.0	85.0	120.0	170.0	241.0	341.0
	25<m≤40	6.0	8.5	12.0	17.0	24.0	34.0	47.0	67.0	95.0	134.0	190.0	269.0	380.0
280<d≤560	0.5≤m≤2	5.5	8.0	11.0	16.0	23.0	32.0	46.0	64.0	91.0	129.0	182.0	257.0	364.0
	2<m≤3.5	6.0	8.0	12.0	16.0	23.0	33.0	46.0	65.0	92.0	131.0	185.0	261.0	370.0
	3.5<m≤6	6.0	8.5	12.0	17.0	24.0	33.0	47.0	66.0	94.0	133.0	188.0	266.0	376.0
	6<m≤10	6.0	8.5	12.0	17.0	24.0	34.0	48.0	68.0	97.0	137.0	193.0	274.0	387.0
	10<m≤16	6.5	9.0	13.0	18.0	25.0	36.0	50.0	71.0	101.0	148.0	202.0	285.0	404.0
	16<m≤25	6.5	9.5	13.0	19.0	27.0	38.0	54.0	76.0	107.0	151.0	214.0	303.0	428.0
	25<m≤40	7.5	10.0	15.0	21.0	29.0	41.0	58.0	83.0	117.0	165.0	234.0	331.0	468.0
	40<m≤70	8.5	12.0	17.0	24.0	34.0	48.0	68.0	95.0	135.0	191.0	270.0	382.0	540.0

附表 7 齿轮齿廓总偏差 F_α 值(摘自 GB/T 10095.1—2008) 单位:μm

分度圆直径 d/mm	模数 m/mm	精度等级												
		0	1	2	3	4	5	6	7	8	9	10	11	12
5≤d≤20	0.5≤m≤2	0.8	1.1	1.6	2.3	3.2	4.6	6.5	9.0	13.0	18.0	26.0	37.0	52.0
	2<m≤3.5	1.2	1.7	2.3	3.3	4.7	6.5	9.5	13.0	19.0	26.0	37.0	53.0	75.0
20<d≤50	0.5≤m≤2	0.9	1.3	1.8	2.6	3.6	5.0	7.5	10.0	15.0	21.0	29.0	41.0	58.0
	2<m≤3.5	1.3	1.8	2.5	3.6	5.0	7.0	10.0	14.0	20.0	29.0	40.0	57.0	81.0
	3.5<m≤6	1.6	2.2	3.1	4.4	6.0	9.0	12.0	18.0	25.0	35.0	50.0	70.0	99.0
	6<m≤10	1.9	2.7	3.8	5.5	7.5	11.0	15.0	22.0	31.0	43.0	61.0	87.0	123.0
50<d≤125	0.5≤m≤2	1.0	1.5	2.1	2.9	4.1	6.0	8.5	12.0	17.0	23.0	33.0	47.0	66.0
	2<m≤3.5	1.4	2.0	2.8	3.9	5.5	8.0	11.0	16.0	22.0	31.0	44.0	63.0	89.0
	3.5<m≤6	1.7	2.4	3.4	4.8	6.5	9.5	13.0	19.0	27.0	38.0	54.0	76.0	108.0
	6<m≤10	2.0	2.9	4.1	6.0	8.0	12.0	16.0	23.0	33.0	46.0	65.0	92.0	131.0
	10<m≤16	2.5	3.5	5.0	7.0	10.0	14.0	20.0	28.0	40.0	56.0	79.0	112.0	159.0
	16<m≤25	3.0	4.2	6.0	8.5	12.0	17.0	24.0	34.0	48.0	68.0	96.0	136.0	192.0
125<d≤280	0.5≤m≤2	1.2	1.7	2.4	3.5	4.9	7.0	10.0	14.0	20.0	28.0	39.0	55.0	78.0
	2<m≤3.5	1.6	2.2	3.2	4.5	6.5	9.0	13.0	18.0	25.0	36.0	50.0	71.0	101.0
	3.5<m≤6	1.9	2.6	3.7	5.5	7.5	11.0	15.0	21.0	30.0	42.0	60.0	84.0	119.0
	6<m≤10	2.2	3.2	4.5	6.5	9.0	13.0	18.0	25.0	36.0	50.0	71.0	101.0	143.0
	10<m≤16	2.7	3.8	5.5	7.5	11.0	15.0	21.0	30.0	43.0	60.0	85.0	121.0	171.0
	16<m≤25	3.2	4.5	6.5	9.0	13.0	18.0	25.0	36.0	51.0	72.0	102.0	144.0	204.0
	25<m≤40	3.8	5.5	7.5	11.0	15.0	22.0	31.0	43.0	61.0	87.0	123.0	174.0	246.0
280<d≤560	0.5≤m≤2	1.5	2.1	2.9	4.1	6.0	8.5	12.0	17.0	23.0	33.0	47.0	66.0	94.0
	2<m≤3.5	1.8	2.6	3.6	5.0	7.5	10.0	15.0	21.0	29.0	41.0	58.0	82.0	116.0
	3.5<m≤6	2.1	3.0	4.2	6.0	8.5	12.0	17.0	24.0	34.0	48.0	67.0	95.0	135.0
	6<m≤10	2.5	3.5	4.9	7.0	10.0	14.0	20.0	28.0	40.0	56.0	79.0	112.0	158.0
	10<m≤16	2.9	4.1	6.0	8.0	12.0	16.0	23.0	33.0	47.0	66.0	93.0	132.0	186.0
	16<m≤25	3.4	4.8	7.0	9.5	14.0	19.0	27.0	39.0	55.0	78.0	110.0	155.0	219.0
	25<m≤40	4.1	6.0	8.0	12.0	16.0	23.0	33.0	46.0	65.0	92.0	131.0	185.0	261.0
	40<m≤70	5.0	7.0	10.0	14.0	20.0	28.0	40.0	57.0	80.0	113.0	160.0	227.0	321.0

附表8　齿厚极限偏差

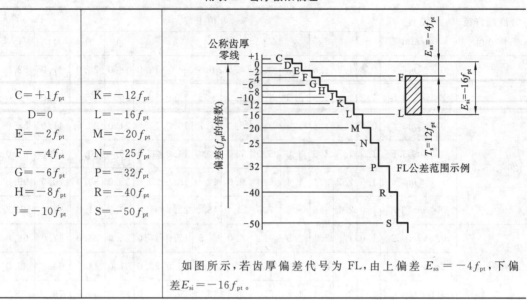

$C = +1f_{pt}$	$K = -12f_{pt}$
$D = 0$	$L = -16f_{pt}$
$E = -2f_{pt}$	$M = -20f_{pt}$
$F = -4f_{pt}$	$N = -25f_{pt}$
$G = -6f_{pt}$	$P = -32f_{pt}$
$H = -8f_{pt}$	$R = -40f_{pt}$
$J = -10f_{pt}$	$S = -50f_{pt}$

如图所示,若齿厚偏差代号为 FL,由上偏差 $E_{ss} = -4f_{pt}$,下偏差 $E_{si} = -16f_{pt}$。

注:齿厚极限偏差的上偏差 E_{ss} 和下偏差 E_{si} 从表中选取。

附表9　公法线长度变动公差 F_w 单位:μm

分度圆直径/mm		公差等级						
大于	到	4	5	6	7	8	9	10
—	125	8	12	20	28	40	56	80
125	400	10	16	25	36	50	71	100
400	800	12	20	32	45	63	90	125
800	1600	16	25	40	56	80	112	160
1600	2500	18	28	45	71	100	140	200
2500	4000	25	40	63	90	125	180	250

参 考 文 献

[1] 罗晓晔,王慧珍,朱红建.机械检测技术[M].杭州:浙江大学出版社,2012.
[2] 方仲彦,李岩.质量工程与计量技术基础[M].北京:清华大学出版社,2002.
[3] 梁亚琴.公差配合与机械测量技术[M].哈尔滨:哈尔滨工程大学出版社,2009.
[4] 张泰昌.齿轮检测500问[M].北京:中国标准出版社,2007.
[5] 周运良.极限配合与技术测量[M].北京:中国劳动社会保障出版社,2010.
[6] 易宏彬.机械产品检测与质量控制[M].北京:化学工业出版社,2011.
[7] 万军.制造质量控制方法与应用[M].北京:机械工业出版社,2011.
[8] 阮喜珍,潘艾华.现代质量管理实务[M].武汉:武汉大学出版社,2009.
[9] 海克斯康测量技术公司.实用坐标测量技术[M].北京:化学工业出版社,2007.
[10] 张国雄.三坐标测量机[M].天津:天津大学出版社,2005.
[11] 达飞鹏,盖绍彦.光栅投影三维精密测量[M].北京:科学出版社,2011.
[12] 中国模具资料网.Geomagic studio 12逆向基础与实例应用.http://www.mjzl.cn.
[13] 郑叔芳,吴晓琳.机械工程测量学[M].北京:科学出版社,1999.
[14] 国家质量技术监督局.测量不确定度评定与表示[M].北京:中国计量出版社,1999.
[15] 张展.齿轮设计与实用数据速查[M].北京:机械工业出版社,2009.
[16] GB/T 10095.1—2008:圆柱齿轮 精度制 第1部分:轮齿同侧齿面偏差的定义和允许值[M].北京:中国标准出版社,2008.
[17] GB/T 10095.2—2008:圆柱齿轮 精度制 第2部分:径向综合偏差与径向跳动的定义和允许值[M].北京:中国标准出版社,2008.
[18] GB/T 3177—2009:产品几何技术规范(GPS)光滑工件尺寸的检验[M].北京:中国标准出版社,2009.
[19] GB/T 1357—2008:通用机械和重型机械用圆柱齿轮 模数[M].北京:中国标准出版社,2008.
[20] GB/T 3505—2009:产品几何技术规范(GPS)表面结构 轮廓法 术语、定义及表面结构参数[M].北京:中国标准出版社,2009.
[21] GB/T 13924—2008:渐开线圆柱齿轮精度检验细则[M].北京:中国标准出版社,2008.
[22] GB/T 21389—2008:游标、数显、带表卡尺[M].北京:中国标准出版社,2008.
[23] GB/T 6320—2008:杠杆齿轮比较仪[M].北京:中国标准出版社,2008.
[24] GB/T 1219—2008:指示表[M].北京:中国标准出版社,2008.
[25] GB/T196—2003:普通螺纹 基本尺寸[M].北京:中国标准出版社,2003.
[26] GB/T1216—2004:外径千分尺[M].北京:中国标准出版社,2004.
[27] GB/T8177—2004:两点内径千分尺[M].北京:中国标准出版社,2004.